AVENTURES AFRICAINES

Entre 1981 et 2001

Dominique Morin

Aventures africaines

Récit d'aventure autobiographique

Édition : BoD-Books on Demand
12-14 rond-point des Champs-Élysées, 75008 Paris
Impression: BoD Books on Demand, Norderstedt,
Allemagne

Illustration : Dominique Morin
ISBN : 9782322393695

Dépôt légal : Février 2022

PREAMBULE

Dans ce livre, je raconte les aventures et expériences que j'ai vécues durant mes différents séjours en Afrique, dans les années 1981 à 2001. Ici, vous ne trouverez pas la plume d'un écrivain, mais celle d'un baroudeur qui souhaite partager ce qu'il a vécu, dans une Afrique où il était encore possible de vivre des moments extraordinaires. Mon récit se déroule dans un environnement naturel, dans une société alors tout juste marquée par un début de développement. Certaines de ces expériences seront banales pour certains, d'autres leur paraîtront insolites ou encore incroyables, certaines même macabres. Mais rassurez-vous, les plus macabres, bien que réelles ne seront pas retranscrites dans ce récit et pourtant il y en a eu pas mal. En effet, dans les années 1980, les coutumes, la sorcellerie et les guerres ethniques ou inter-tribus étaient encore bien présentes surtout au Gabon.

Je ne parlerai pas non plus des problèmes rencontrés dans mon travail ou mes fonctions ; cela n'intéresserait que quelques individus. Pourtant, là aussi, il y a de quoi raconter des histoires surprenantes : un ministre qui veut me mettre dans l'avion parce que je ne veux pas doubler le nombre de jeunes formés ; un qui veut me décorer de la légion d'honneur ; un autre qui fait pression sur l'Ambassadeur de France pour que je reste dans son pays à la fin de mon contrat, et j'en passe !

Dans ce récit, je ne cite que certains prénoms et noms (même si je m'en souviens très bien) afin de respecter l'intimité de chacun. D'ailleurs, les gens se reconnaîtront facilement et pourront me faire part de leurs remarques qui seront les bienvenues. J'espère qu'ils ne m'en tiendront pas rigueur.

Au sujet de la chasse, je tiens tout de suite à préciser que si j'ai été chasseur, je ne chasse à présent que les images mais pour devancer les critiques, je tiens malgré tout à préciser que ce ne sont pas les chasseurs qui tuent des dizaines d'éléphants ou rhinocéros pour vendre leurs défenses ou leur corne ni même les girafes, les panthères ou les gorilles. Ce sont des braconniers qui font cela pour le commerce et pour l'argent. Notre société moderne provoque la consommation de certains produits et malgré qu'il y ait quelquefois des abus, j'ai pu constater à plusieurs reprises en Afrique du Sud ou au Botswana que le chasseur est finalement celui qui protège le mieux le cheptel de son territoire. J'ai changé de comportement aujourd'hui, mais je respecte encore les vrais chasseurs pour cela.

Certains mots sont écrits avec leur sonorité du langage parlé : « matchette » au lieu de machette. De même, j'ai gardé les expressions : « on a … » au lieu de « nous avons », car elles représentent mieux le contexte local. Certaines expressions viennent directement du langage parlé : « poser culotte » est le terme employé pour dire « aller aux toilettes en brousse », l'expression malienne « ou bien » signifie « au cas où ». Certains mots sont coupés comme en langage parlé : « sympa » (sympathique), « info » (information), « déj » (déjeuner), restau (restaurant)…

Pour les dialogues, je les ai retranscrits telles qu'ils me sont revenus à l'esprit, en essayant de les déformer le moins possible. Sachez enfin que j'accepte toutes vos remarques et observations qui pourraient apporter des précisions à mes descriptions. Dans un même pays, je n'ai pas forcément respecté la chronologie des événements afin d'éviter les répétitions des voyages. J'ai regroupé les expériences souvent par région ou centres d'intérêts et par activités. Des blancs (écriture) ont été laissés volontairement pour exprimer un temps d'écoulement, de réflexion ou d'action. Et, si certains lecteurs sont choqués par cette retranscription, je tiens à rappeler que ce n'est pas un roman, mais le récit d'un baroudeur.

AU GABON

(1981-1986)

Les éléphants dans la scierie

Arrivé au Gabon en Octobre 1981 comme chef du département Génie civil de l'école d'ingénieurs ENSIL, je suis confronté à des situations auxquelles je n'étais pas préparé. Non pas côté travail car la gestion du département ne m'est pas étrangère (je fais sensiblement la même chose à Toulouse), mais l'environnement dans lequel nous nous retrouvons avec mon fils, nous est complètement inhabituel. Logement en chambre d'hôtel, peu de moyens financiers en attendant la régularisation administrative et un contact humain très différent surtout pour mon fils de onze ans qui d'ailleurs, demandera à retourner en France dès le mois de Janvier.

Je consacre donc cette première année à mon travail et à entretenir des relations avec les grandes entreprises de Génie civil françaises de la place : Satom, Bouygues, Cocoba et Eurotrag, entreprise de construction du chemin de fer Transgabonais. Il faut souligner qu'à cette époque et en tant que nouveau, à Libreville c'est du chacun pour soi. Les coopérants sont là surtout pour faire de l'argent et en oublient totalement la découverte du pays qui pourtant est assez exceptionnelle. Ceci se retrouve aussi plus ou moins chez les autres expatriés où l'on observe un cloisonnement très marqué entre les différents corps de métier : médecins, privés, commerçants, services des ambassades ou consulats… Ainsi, cette première année, je la passe un peu comme les autres coopérants : week-ends à la plage, petites sorties dans les alentours et buffets gargantuesques dans les grands hôtels de la ville. Mais ce n'est pas ce dépaysement que j'avais espéré en venant au Gabon. Heureusement, je peux organiser des visites de chantier régulières avec les ingénieurs du Transgabonais, ce qui me permet de découvrir peu à peu le vrai visage des paysages du pays, de sa forêt et de ses fleuves mais aussi l'ambiance de brousse avec cette atmosphère très particulière d'un chantier hors norme et en pleine nature. L'expérience de la forêt primaire, des conditions de travail en milieu naturel, la présence des animaux et insectes, de grands ouvrages à réaliser dans un environnement grandiose, m'ont poussé à découvrir ce milieu naturel et inconnu dont je rêvais quand je voulais, à l'époque, devenir ingénieur pour construire des grands barrages en Afrique.

Les récits des hommes de chantier ont développé en moi un esprit d'aventure et de recherche de nouveauté comme : chercheur d'or par orpaillage et battées, découverte des éléphants sauvages, abattage d'énormes arbres, présence de figuiers étrangleurs ; rencontre avec des pitons de neuf à dix mètres de longueur ou des fourmis magnans capables de tout dévorer sur leur passage ; la forêt des abeilles de la Lope où, si vous sortez de la nourriture, un nuage d'abeilles s'abat sur vous en cinq minutes... Les collègues de travail et la plupart des coopérants restant indifférents à ce genre de découvertes, je me suis tourné vers des gens aventuriers notamment les chasseurs, les forestiers et ingénieurs du privé et j'ai pris mes distances vis-à-vis du milieu enseignant (ce que l'on m'a d'ailleurs reproché).

Je rencontre ainsi Jean-Marc, chasseur de gros gibier, Guy, ingénieur du privé, et de nombreux forestiers dont M. Seguin (qui avait bien une chèvre dans le jardin de son exploitation forestière). Tout ce beau monde côtoie régulièrement le café Pelisson, le plus vieux café de Libreville, tenu de main de maître par sa gérante Hélène. Hélène connaît parfaitement sa clientèle et, dans son petit café, met en relation les gens suivant leur personnalité.

Un matin, alors que je prends un rapide café glaçon, je jette un coup d'œil à mon voisin de bar. Celui-ci m'invite à prendre un petit déj forestier avec lui. J'accepte l'invitation mais à ma grande surprise, Hélène me sert un double whisky avec un croissant accompagnés d'un large sourire. Dur dur à neuf heures du matin ! Mais pour lui aucun problème, c'est le médicament de brousse me dit-il ! Pas simple d'avaler le double whisky : j'ai failli m'étouffer, mais bon, on a bien rigolé, surtout Hélène. On finit par sympathiser et il m'invite dans son exploitation forestière, invitation que j'accepte avec empressement. On engage la conversation puis rendez-vous est pris dans quinze jours pour me présenter un ami forestier qui aurait peut-être besoin de moi, si je suis chasseur. Je saute sur l'occasion, mais à une condition : je choisirai le menu du petit déj ! Hélène éclate de rire et ajoute : « *Pour la première tournée !* »

Les jours suivants, je prends rendez-vous avec Jean Marc qui, bien-sûr, saute sur l'occasion et à la date prévue, nous nous retrouvons attablés avec les deux forestiers. Ils sont déjà là, au bar et bien servis. Hélène nous invite à prendre une table à l'écart, car elle est déjà au courant de la discussion. Après les présentations, le copain forestier nous laisse alors en compagnie de son ami, un homme aux traits tirés, fatigué mais désireux de nous faire partager ce qu'il est en train de subir. Il a acheté une concession forestière à cent vingt kilomètres de Libreville sur la route de Lambaréné sur laquelle il a aménagé une piste d'une vingtaine de kilomètres de long. Là, il a installé sa scierie, des hangars et une maison d'habitation sur une ancienne clairière au milieu de nombreux bananiers sauvages. Pendant toutes ces installations, la présence des engins avait dû éloigner les animaux de la brousse. Pendant les cinq premières années, il a pu exploiter normalement ses terres. Seulement voilà, à part les ouvriers, il n'a trouvé personne pour lui tenir compagnie et se retrouvait donc seul le soir. L'homme s'était finalement habitué à cette solitude jusqu'au jour où les éléphants se sont invités dans la scierie : ils ont mangé les bananiers, les arbustes du jardin et saccagé le potager. Jusque-là : rien d'alarmant, c'est un phénomène assez fréquent plusieurs fois rencontré au Gabon, en Centrafrique et au Mali. Mais ici, les éléphants ont élu domicile la nuit, dans la scierie, et se frottent aux bâtiments en donnant de grands coups de trompe contre les parois des hangars. Le forestier a bien essayé de repousser les pachydermes en tirant des coups de fusil en l'air, mais cela n'a marché que les deux premières fois. Ils revenaient toutes les nuits et faisaient le même tapage. Ne pouvant plus dormir, c'est avec beaucoup d'amertume, qu'il a décidé d'abandonner provisoirement son exploitation et de faire appel à un chasseur qui pourrait lui "rendre service". Il fallait rester discret. Un mois plus tôt, la découverte d'un charnier d'éléphants et d'une tonne de défenses dans la région d'Oyem avait provoqué la fermeture de la chasse à l'éléphant.

L'homme lève les yeux vers nous en guise d'interrogation et finit par lâcher : « *La solution est de tuer le mâle au milieu des autres et tant pis pour les dégâts que cela va engendrer par le reste du troupeau sur la scierie. Mais il faut faire une opération en toute discrétion.* » L'homme lève de nouveau les yeux sur nous et tout en nous fixant, d'une voix tremblotante, nous demande si on veut bien l'aider. A cet instant, mon regard croise celui de Jean-Marc et après quelques secondes d'hésitation, il nous semble impossible de refuser de l'aide à cette personne fatiguée si attachante. Nous acceptons de nous rendre sur place et de voir si cette opération est possible. Un sourire envahit son visage et il commande sur le champ une seconde tournée. L'atmosphère se détend brusquement. Sous l'effet d'un second double whisky, il nous donne les informations pour nous rendre à sa concession et trouver la clé pour entrer dans le logement des invités ; il nous indique même comment trouver les clés de sa maison. Avec J.M., nous sommes enthousiastes et prêts à y aller sur le champ mais l'homme prend un ton plus sévère : « *Attention, n'en parlez à personne ! Cela représente quand même un danger car vous ne connaissez pas le terrain, ni les éléphants d'ici ! Ils sont maintenant chez eux et il faudra prendre beaucoup de précautions.* » (N.D.R : éléphants de forêt Assala, qui sont petits mais très rapides). On se sépare et Hélène me fait un clin d'œil pour savoir si on a accepté. Pour éviter de se revoir et d'alimenter des soupçons, je donnerai la réponse à Hélène la semaine prochaine.

Tous les soirs de la semaine suivante, nous mangeons avec J.M. au petit boui-boui « Chez papa union » dans le quartier Louis, pour parler des dispositions à prendre et de la logistique. Tout semble clair et nous sommes impatients d'entreprendre cette expédition. J.M. s'occupera des armes et des munitions et moi de tout le reste. La semaine suivante, chez Hélène, le forestier ne peut pas s'empêcher de venir. Il nous attend au fond de la salle avec son double whisky et deux grands cafés. Il est détendu et semble revivre. Il a apporté une feuille indiquant la route et les points de repère ainsi que la disposition des bâtiments de son exploitation. On lui offre une seconde tournée qu'Hélène nous amène avec un grand sourire. Le forestier avale sa potion d'un coup sec et avant de partir rejoindre ses copains au bar, nous lance : « *Surtout pas un mot et soyez prudents !* ».

Quinze jours plus tard, nous prenons la route avec notre petite Suzuki. Nous sommes gonflés à bloc et nous avalons les kilomètres sans les voir. Arrivés au point kilométrique indiqué, nous trouvons sans difficulté la piste du forestier. Nous nous engageons sur une petite piste et nos cœurs se mettent à battre à cent kilomètres à l'heure, excités d'être là. La piste n'a pas été utilisée depuis longtemps et l'herbe a bien repoussé. Tiens, un petit arbre est tombé en travers de la piste. Je saute dehors avec la matchette et en deux temps trois mouvements, la piste est dégagée. Trois cents mètres plus loin, rebelote ! Cette fois, trois arbres sont en travers et on reconnaît immédiatement les coupables : les éléphants ont couché les arbres sur leur passage afin de manger les feuilles. On se met tous les deux au boulot, les matchettes travaillent dur, mais avec le sourire. Cette opération va se répéter une vingtaine de fois et nous finissons par trouver le temps long : cela fait trois heures que nous parcourons les vingt kilomètres de piste et la lumière commence à diminuer. On regarde la montre, la nuit va vite arriver. L'angoisse monte. On continue ? Oui on y va ! Là, devant nous, un reflet de lumière apparaît sur une tôle. On y est. On distingue maintenant le hangar de la scierie, puis le bâtiment des invités et enfin la maison. Devant les phares que l'on vient d'allumer, une énorme masse sombre nous fait face : l'éléphant ! J.M. stoppe la voiture et sans un mot, on attrape, lui la carabine, moi le fusil. Vite, les munitions ! L'animal pousse un barrissement assourdissant et disparaît sur la gauche, derrière le hangar. Nous sortons de la voiture avec nos armes à la main, mais pas pour autant rassurés. Un silence…Un autre barrissement sur le côté droit suivi du craquement d'un arbre cassé et de nouveau le silence.

Dans cet environnement sombre et surtout méconnu, le moindre bruit suspect nous fait frémir. Les ombres des arbres et des bâtiments semblent bouger et nous plongent dans un monde hostile et glacial. Nous nous regardons pour mieux nous rassurer. La nuit est tombée, vite, trop vite et nous n'avons pas eu le temps de prendre des repères. On n'y voit rien ! J.M. retourne à la voiture et allume les phares : un vrai film d'horreur ! Des murs éclairés, sans vie et des ombres partout. Et ce silence ! On s'attend à voir sortir un éléphant… mais ils ont dû s'éloigner dans la forêt. On attrape les lampes torches, J.M. éteint les phares. Bon, il vaut mieux rester prudents comme le forestier nous l'a recommandé. On ouvre le bâtiment des invités devant lequel la voiture est arrêtée et on descend nos affaires et la glacière. La carabine et le fusil sont posés près de la porte. A chaque sortie, on jette un œil à droite et à gauche, mais tout est plongé dans le noir. Quel accueil ! On ne s'attendait pas vraiment à cela. Rien de tel qu'une bonne bière Régab pour nous remonter le moral et nous remettre de nos émotions. On essaie de discuter, mais c'est pas vraiment ça. On n'arrive pas à rester assis. Bon aller, on va manger pour prendre des forces pour demain. On ouvre la boite de pâté et de sardines et on n'a même pas envie de faire chauffer une boite de conserve. La faim n'est pas de la partie, alors on prend une seconde bière.

Le silence s'installe et devient pesant. Il y a deux chambres. On décide de mettre les lits dans la chambre qui donne sur la porte d'entrée. On sort les moustiquaires que l'on installe, sans avoir eu le temps de voir s'il y avait des moustiques ! Demain il va falloir être en forme. On éteint la lampe camping gaz et le silence enveloppe la pièce. Boum…. Crac… des bruits de tôle et d'arbre cassé. On n'a pas eu le temps de fermer l'œil, les éléphants rejouent le scénario que nous avait décrit le forestier. On s'assoit sur le bord du lit, la carabine entre les jambes (et moi le fusil). Des craquements, des coups contre les parois et la tôle des hangars…des bruits sourds et bientôt des barrissements envahissent la nuit. Que faire ? Impossible de sortir, il fait nuit noire. On rallume la lampe en veilleuse. Les bruits s'estompent mais le temps de le dire le vacarme semble s'amplifier. C'est insupportable ! A présent, on a l'impression qu'ils vont tout casser ! On se lève, le fusil à la main, on tend l'oreille, on se rassoit. Ce ballet durera toute la nuit. De temps en temps, on regarde l'heure : la nuit nous paraît interminable. Tout à coup, la maison se met à trembler : un éléphant se frotte contre la paroi en bois !

On se regarde, hochement de têtes, pourvu qu'ils ne touchent pas la voiture ! J.M. se dirige vers la porte et pose la main sur la poignée. Il reste figé. Non, ce n'est pas une bonne idée… Une foule d'idées farfelues nous traverse la tête mais pas la solution. Le vacarme dure encore et encore puis les bruits sembleront s'éloigner un peu et deviendront moins agressifs avec les premières lueurs du jour. Alors que le calme revient, on se regarde : faut-il sortir ?... Le silence est tellement pesant qu'on a envie de bouger et sortir d'ici. On ouvre la porte, pas très rassurés. Tout semble endormi. La voiture est là, intacte. Ouf ! On scrute les alentours : les silhouettes des arbres et des bâtiments commencent à se préciser. Les éléphants sont partis dans la forêt, qui commence à s'animer avec les chants des oiseaux et des insectes. On tente une petite sortie côte à côte, le doigt sur la gâchette pour nous rassurer. Tout est calme, on revient à notre maison d'invités.

Le jour se lève, on aperçoit les dégâts causés par les éléphants : arbres cassés, tôles arrachées et piétinées, des planches ont été jetées à droite et à gauche… et dans le hangar de la scierie, un ouragan semble être passé par là !

- Bon, on va se faire un bon petit déj avec café et croissant ! J.M. me répond en rigolant.

- On devrait peut-être prendre un petit déj de forestier et un double whisky !

- Oui, on en aurait bien besoin après cette nuit blanche mais on n'a pas de whisky !

Avec la lumière du jour, on se sent déjà plus à l'aise. C'est le moment de dresser un plan d'attaque : Premièrement, on va inspecter les alentours et voir si on trouve leur passage dans la forêt, mais avec cette végétation, ça ne sera pas évident. On va repérer les différents layons (chemins forestiers) qui partent de la scierie vers la forêt puis les inspecter les uns après les autres. En avant, c'est parti ! Maintenant, on a un peu la rage aux dents et on a oublié les péripéties de la nuit ! On marche côte à côte, chacun surveille son côté. La forêt semble encore endormie. Là-bas, une antilope rousse traverse le layon, nous regarde puis s'enfonce dans les fourrés. Plus loin, deux dik-dik (petites antilopes grises) détalent à coté de nous et nous font un peu peur ! Mais aucune trace du passage des éléphants.

Les premiers rayons de soleil traversent le feuillage des grands arbres. Les cris des singes se disputant de la nourriture et le chant des toucans nous accompagnent lorsqu'on attaque le second layon. En marchant, on se sent mieux et la pression retombe peu à peu. Nous marchons d'un pas décidé…mais rien, aucune trace fraîche. Pourtant, nous sommes sûrs qu'ils sont par là. On arpente ainsi le troisième, le quatrième et le cinquième layon sans succès : on dirait que nos pachydermes se sont « envolés ». Au bout de quatre heures de marche, dans cette atmosphère chaude et humide, nous décidons de revenir à la scierie pour nous ravitailler : pâté, sardine, vache qui rit et une bonne bière. Il nous restera deux layons à parcourir pour faire le tour complet de la concession.

On reprend notre marche, dans une atmosphère encore insupportable et commençons à fatiguer, mais on s'encourage mutuellement. Mais où sont donc passés ces animaux ?! On s'engage sur le dernier layon, trempés de sueur. Nous discutons des méthodes à employer la prochaine fois car pour aujourd'hui c'est « foutu » ! Quand, soudain, devant nous à deux cents mètres, un troupeau de cinq à six éléphants traversent le layon en furie. On stoppe net ! Ils ont dû nous entendre ou nous repérer depuis longtemps et là, ils détalent et font trembler la forêt. Le sol vibre sous nos pieds, les arbres bougent, craquent tel un tremblement de terre. Impressionnant ! On s'avance, la main sur la gâchette, à pas feutrés. A leur passage, on dirait qu'un bulldozer est passé par là. Ces éléphants ont déguerpi à une vitesse incroyable et maintenant c'est le silence complet. La forêt retient sa respiration : plus de bruit, de cri, de chant ! C'est si étrange. Nous avons dû passer à côté d'eux dans le layon précédent où ils nous ont repéré. Figés, ils nous ont laissé passer avant de reprendre leur chemin. C'est ainsi que font les éléphants de forêt, ils se figent et vous pouvez passer à une dizaine de mètres d'eux sans les voir, expérience vécue plusieurs fois ! Notre plan d'intervention n'a pas été bon et il faudra changer de technique la prochaine fois, mais surtout nous avons besoin d'un chasseur local qui connaît parfaitement la forêt et la concession. Les armes en bandoulière, nous rentrons à la scierie. D'un commun accord et vu la tête que nous avons, nous décidons de plier nos affaires et de rentrer à Libreville. Nous ne pourrons pas tenir une autre nuit comme celle que nous avons vécue ! Dans nos têtes, une pensée très forte pour le forestier reste bien ancrée.

On charge la voiture, on fait un dernier repérage des lieux et on referme la porte du bâtiment des invités. On remet la clé dans sa cachette...Tiens, on n'a même pas ouvert la maison ! Nous prenons la Suzuki et nous voilà sur le retour. Sur la piste, il nous faudra deux petites interventions pour dégager le chemin à la matchette, mais rien de comparable avec notre premier passage. Enfin le goudron ! Sur la route, alors qu'il faut faire attention en croisant les grumiers qui ne ralentissent pas et occupent toute la chaussée, les langues se délient. Chacun commence à envisager différentes façons d'opérer et comment les proposer au forestier. Nous traversons les différents contrôles policiers sans problème et retrouvons nos chambres, pour un repos bien mérité.

Une semaine plus tard, je reprends un petit déj avec le forestier et je lui raconte notre aventure. Il n'a pas du tout été surpris et m'a même confié que deux de ses copains chasseurs avaient connu les mêmes déboires. Il est content que nous ayons tenté cette opération et maintenant, il faut qu'il se fasse une raison à abandonner cette exploitation. Nous lui avons quand même proposé différentes techniques d'intervention, notamment l'installation de projecteurs sur les différents bâtiments avec un groupe de quatre ou cinq chasseurs avec des carabines.

- *C'est très gentil, mais à mon âge et tout seul je ne peux m'occuper d'une telle exploitation et heureusement un ami forestier vient de me proposer un poste de contremaître dans une grosse exploitation dans le sud du Gabon vers Mayumba. Merci encore et si j'ai besoin de vous je ferai signe par Hélène.*
- *Ok, on est là, tiens-nous au courant de ta nouvelle situation.*

Partie de pêche en mer

Les week-ends, les coopérants vont à la plage au Dialogue, au Gamba ou à la pointe Denis pour ceux qui ont un bateau. Les privés, préfèrent les eaux limpides de la pointe Denis, de l'autre côté de l'estuaire mais cela nécessite un bateau de bonne puissance pour faire face au courant très important durant la traversée. Il est alors stocké au port ou au club privé de la marina pendant la semaine. Un soir, après un repas au bar des copains et un verre à la boîte de nuit du Komo, le patron Maurice m'invite à une partie de pêche, rendez-vous est pris le Dimanche suivant à dix heures du matin. J'accepte avec enthousiasme pour découvrir cette activité de pêche à la traîne et ce nouvel environnement.

Le dimanche à neuf heures quarante-cinq, j'arrive au ponton de la marina. Maurice est déjà là, dans la pirogue Yamaha de douze mètres de long. Ravi de me voir, il me lance : « *Au moins un qui n'arrive pas en retard !* » pour que tout le monde en profite. Je saute dans la pirogue et l'aide à ranger les trois grosses glacières : une pour la bouffe, l'autre pour les boissons (dans laquelle je glisse la bouteille de Bordeaux que j'ai ramenée) tandis que la troisième est remplie de glace pour conserver les poissons attrapés. A dix heures, la pirogue est fin prête et les deux moteurs de quarante chevaux ronronnent au ralenti. On attend le quatrième larron qui arrive enfin, et nous voilà partis. Maurice conduit et on laisse Libreville derrière nous, direction la pointe Denis neuf kilomètres plus loin. La mer est calme et les deux moteurs tournent à plein régime laissant un superbe sillage avec les rayons du soleil. « *Tu vois, on va là-bas* ».

Une petite brise venant de la terre souffle et pousse déjà le voilier des copains Carole et Gilbert qui vont aussi à la pêche mais surtout à la plage. Un petit coucou et le signe de la main qui dit que tout va bien et on arrive face à la plage avec ses cocotiers bien éclairés. Deux pirogues et un bateau sont déjà ancrés et les enfants sont dans l'eau alors que les parents s'installent sur le sable et à l'ombre des paillotes. Maurice a entamé un grand virage à quatre-vingt-dix degrés pour longer la côte. « *Tiens regarde, c'est la première rivière où sont déjà ancrés deux bateaux.* » Les gens ont passé la nuit dans les cabanons de bois. Je demande à Maurice pourquoi il n'a pas choisi cette solution : « *Vois-tu, de dix heures du matin à dix-sept heures le soir, c'est super car tu peux profiter de la plage, de la mer et partir en pêche comme tu veux, mais à partir de dix-sept heures ce sont les moustiques et les fourous[1] qui sont les maîtres et il faut te barricader pour éviter d'attraper le palud qui est ici très méchant* ».

On arrive à la deuxième rivière avec des palétuviers et leurs impressionnantes racines qui plongent dans l'eau salée. C'est le paradis des poissons qui viennent s'y reproduire, mais c'est aussi celui des serpents, des poissons préhistoriques à pattes et des crocodiles plus en amont de la rivière où l'homme ne peut pas pénétrer. Là, un vieux ponton avec une pirogue en bois. « *Tu vois, là, c'est un copain qui a voulu s'installer ! Il a vite abandonné* ». Maurice a ralenti et a même arrêté un moteur : on est au niveau de la troisième rivière. On va commencer à pêcher avec deux cannes, pour nous habituer et vous mettre en forme : « *car dans la septième rivière, je vous préviens, cela va être du sport, si ça mort* ». Je souris et Maurice me lance : « *Tu vas voir petit !* ». On installe donc deux cannes avec des rapalas rouge et blanc sur le plat-bord arrière de la pirogue. On règle la distance à une vingtaine de mètres. Maurice nous explique que dès que l'on aura pris un poisson, il faudra l'amener sur le côté pour ne pas s'emmêler avec l'autre canne. Et Bzzzz… la première touche ! « *À toi Doume !* » Je saisis la canne et remonte le barracuda d'une cinquantaine de centimètres. Arrivé au bord du bateau, Maurice sort la gaffe et remonte le poisson. Il prend alors un gros chiffon et attrape le barracuda ! Tout en défaisant le rapala de la gueule du poisson avec sa pince multiprise, il nous montre les dents coupantes comme des lames de rasoir de ce monstre carnivore. « *Faites attention car cela ne pardonne pas surtout quand on est pressé !* » Bzzzz, deuxième et troisième prise : on remonte des barracudas semblables : « *C'est bon ! On arrive à la septième rivière et là on va mettre les deux autres cannes.* » dit-il. Les palétuviers couvrent entièrement les berges et Maurice nous montre ses points de repère : deux arbres légèrement différents des autres. La rivière s'étale sur trois à quatre cents mètres de large et forme un véritable petit estuaire. Maurice sort une deuxième gaffe et une autre pince. Il règle la vitesse du moteur et demande à sa femme de venir prendre le volant… bizarre !

Bzzzz…un départ ! Je saute sur la canne et ramène un autre barracuda sur le côté gauche, mais bzz… la deuxième canne a aussi un départ ! Le copain de Maurice prend la canne et remonte à son tour un nouveau barracuda. Maurice gaffe le premier et me dit de gaffer l'autre. La situation se complique quand la troisième canne part aussi ! Maurice la saisit et remonte sa prise. Je gaffe son poisson avant de remettre ma canne à l'eau. Il me lance alors : « *Qu'est-ce que tu attends pour la mettre à l'eau ?!* »….

Trois barracudas en une seule traversée ! La pirogue fait un grand virage et nous voilà partis pour une nouvelle traversée. J'ai remis ma canne à l'eau quand tout à coup la quatrième canne part ! La pression monte ! Bzzzz… c'est reparti ! mais cette fois le copain a du mal à remonter le poisson. Maurice prend la canne et s'arc-boute, la canne est pliée en deux. Ça c'est du gros et il finit par remonter un barracuda de plus d'un mètre de long qu'il ne faut pas louper en le gaffant. « *Doume, prends la canne je vais m'en occuper* ». Quelle prise ! Il a du mal à rentrer dans la glacière. Bzz…bzz…Bzzzz…le même scénario à chaque passage : Maurice est ravi et à chaque fois il pousse un hurlement de joie : « *Et un barracuda pour Doume ! et un pour Alain … »*

Une petite accalmie… puis Bzz…, Bzz…, Bzz…, Bzzzz… les quatre cannes partent en même temps : j'en prends une, Alain l'autre, Maurice prend la troisième, ferre le poisson puis remet la canne dans son support et saute sur la quatrième ! C'est un peu la panique à bord et tandis qu'Alain et moi remontons nos prises (deux Barracuda qui finiront dans la glacière), les deux lignes à l'arrière s'emmêlent. « *Ne remettez pas vos cannes à l'eau, il faut démêler ces deux-là* ». Je prends une canne qui se croise avec celle de Maurice. La femme de Maurice a l'habitude de ce genre de chose et dans un réflexe met le moteur au point mort. Nous bataillons ferme pour décroiser les deux lignes. Nos efforts paient puisqu'on finit enfin par les séparer et ramenons les poissons sur les côtés pour les remonter à bord. Ouf !

- *Bien joué les gars !*
- *Alors les copains ! ça va ?*
- *Ça va ! mais je n'aurais jamais imaginé une telle intensité !*
- *Allez, encore une demi-heure et on ira manger sur la plage.*
- *Mais la glacière est pleine !*

-*Alors encore deux pour les copains de la plage !*

Ce fut vite fait et on plia les cannes en enlevant les rapalas. Je n'avais jamais vu cela : en deux heures on avait attrapé une quarantaine de poissons dont deux de belle taille. Maurice est aux anges, nous aussi, bien qu'un peu épuisés par l'intensité de la journée. Le matériel étant rangé, Maurice reprend le volant et on se dirige vers un coin un peu à l'écart. On ancre la pirogue et on saute dans l'eau pour se détendre. Les copains ont vu Maurice arriver et viennent aux nouvelles :

Alors la pêche a été bonne ?

Oui ! et Maurice leur tend les deux barracudas.

C'est pour vous !

Là … chapeau ! Tu es vraiment un super pêcheur, Maurice. Sa femme rigole tandis que lui hoche la tête.

Bon, maintenant, on va passer aux choses sérieuses ! A la bouffe et à l'apéro !

Sur une natte à l'ombre de cocotiers, on dispose les deux glacières et Maurice, en parfait maître d'hôtel, sort une bouteille de champagne. Quelle surprise ! « *Il faut arroser ça !* ». Sa femme sort des petits fours et des pizzas, du poulet rôti, du fromage et des fruits. Maurice lui, s'occupe du vin et il n'en manque pas. Aussi, on ressent le besoin d'une petite sieste à l'ombre des cocotiers. Une heure plus tard, on plie tout le dispositif et on embarque direction Libreville.

Les deux moteurs tournent à merveille et nous atteignons la marina à dix-sept heures. "*Tu vois, je rentre toujours dans les premiers car si tu tombes en panne, il y a toujours du monde pour te remorquer et en plus, le soir les orages sont fréquents.* » A peine avons-nous posé le pied à terre que les connaissances de Maurice arrivent et viennent glaner quelques poissons en proposant leurs services pour décharger la pirogue et transporter les affaires jusqu'à la voiture. Maurice aura du poisson pour quinze jours et distribuera le reste à ses amis. Après l'avoir remercié lui et sa femme pour cette journée exceptionnelle et pleine de surprises, je rentre à l'hôtel Okoumé Palace.

A vingt heures, je suis déjà couché, épuisé par le soleil, l'air de la mer et toute cette activité.

[1] Fourous : petits moustiques de la forêt

Sortie en mer à Bagne : Le banc de sable

Tous les ans, les privés ayant de gros bateaux ou des voiliers avec couchettes se donnent rendez-vous au banc de sable de Bagne et organisent un barbecue avec les poissons pêchés. Ce banc de sable est situé au large de la Guinée Équatoriale, à côté de l'île Corisco.

Ce samedi à huit heures du matin, nous prenons la mer avec Fred et Jean-Claude (BRGM) sur le Giraglia, voilier de onze mètres. On sort du port, on traverse l'estuaire et passons au large de Cap Santa Clara. Le vent de terre régulier nous permet de naviguer facilement au milieu des vagues. Une fois le cap dépassé, nous installons les deux cannes de traîne, toute cette partie de la côte étant réputée pour la pêche. Un premier barracuda est ramené à bord, puis un second. L'allure est un peu rapide pour la traîne, sauf pour les gros poissons. On sait que le vent risque de faiblir, alors il vaut mieux ne pas s'attarder. On arrive en face de Cap Militaire (lieu où les gros 4X4 viennent s'entraîner, et où, plus tard je me planterai avec la Suzuki). Bzzzz… un gros départ sur une canne ; Jean Claude saute sur la canne et mouline… mais c'est dur, très dur. Je diminue la voilure, tout en gardant de la vitesse à cause de la houle qui vient du large. Jean-Claude n'arrive pas à remonter la ligne, alors il repose la canne dans son support, sert le frein du moulinet et prend les gants et une serviette pour attraper le fil à pleines mains. Il ne remonte ainsi pas une ni deux, mais cinq brassées ! Tout sourire quand il aperçoit un énorme barracuda qui saute au bout de la ligne, J.C. tire de plus belle, mais glisse et passe par-dessus bord en hurlant. Je fais alors immédiatement demi-tour tandis que Fred fait passer le foc. On revient rapidement et là, derrière la vague, J.C. est dans l'eau et tend les bras ! Je fais à nouveau demi-tour pour arriver sans vitesse et le récupérer. Tout va bien, il s'accroche et Fred l'aide à remonter tandis que je reprends de la vitesse pour passer la houle.

- *Ça va ? tu vas bien ?* J.C. est assis contre le cockpit et se remet de ses émotions.

- *Bois un coup ça ira mieux !* Fred lui a pris la canne et mouline.

- *C'est pas dur !* dit-il en se retournant vers J.C et il finit par mouliner, quand il s'écrit :

- Un requin est passé par là, sans aucun doute ! J.C rit jaune.

- Je l'ai échappé belle ! Fred enlève la tête et la jette à l'eau.

- Ne remets pas la canne, une seule suffira, maintenant.

J.C. s'est remis debout et maintenant il chante à pleins poumons. On dépasse à présent le Cap Esterias en direction de l'île des trois cocotiers située à mi-chemin de notre point de chute. Le vent faiblit et plutôt que de dériver avec les courants, je décide d'ancrer sur l'île ; on repartira avec le vent qui se lève habituellement vers seize heures. On mange, on se baigne et on profite d'une petite sieste à l'ombre des cocotiers. D'ici, on distingue au loin le banc de sable où nous avons rendez-vous. A seize heures, on remet les voiles mais le vent est faible ; aussi on arrivera qu'à la tombée de la nuit. Effectivement, mais heureusement, les copains avaient déjà allumé le feu pour la soirée ce qui nous a permis de mieux nous orienter et d'éviter de nous planter sur le banc de sable dans la nuit. Nous ancrons de ce côté-ci pour nous protéger de la houle alors que les autres bateaux sont de l'autre côté. Tant pis, on sera balloté mais on s'en fout.

On est invités à prendre un premier apéro sur la goélette : un deux-mâts magnifique où sont déjà installés les copains. J.C. raconte son plongeon et la vision de la tête du barracuda au bout de la ligne ! Tout le monde reste bouche bée. Tout à coup, on entend des voix sur le banc de sable qui nous appellent pour le barbecue. Chacun amène ses prises impressionnantes. On est une trentaine et il y a au moins vingt barracudas, dix carangues et trois carpes rouges. Tout en préparant le feu du barbecue, on prend un second apéro dans une ambiance typique des îles : les bouteilles ne manquent pas et il y a de bons buveurs. Nous passerons une super soirée.

La nuit a été courte, on a été un peu balloté. On prend un petit déj. Le vent étant bien établi, nous mettons les voiles les premiers et avons encore l'avantage d'être du bon côté de l'île ; les autres seront obligés de mettre les moteurs pour contourner le banc de sable. Ainsi, nous tirons un bord directement sur l'île des Trois cocotiers, puis sur Cap Esterias. Aujourd'hui, on ne va pas pêcher, on a eu notre dose de poisson. La mer est calme et c'est un régal de naviguer avec le seul bruit du vent dans les voiles. En nous retournant, on distingue les voiles de la goélette et celles du bateau des quatre filles ; mais si la goélette se dirige vers nous, le bateau des filles lui, tire un bord vers le continent et semble dériver ! Il y a beaucoup de courants côtiers, et sans point de repère, il est très difficile de s'en apercevoir. Nous dépassons Cap Militaire et Fred demande à J.C. s'il veut essayer de pêcher. Nous entrons maintenant dans l'estuaire de Libreville et le courant va nous aider à rentrer au port. Nous arrivons en même temps que la goélette et trois autres bateaux à moteur, deux bateaux sont déjà là et il manque le bateau des filles.

Nous décidons de surveiller l'arrivée du bateau depuis la vue sur mer de notre chambre et de faire un point à minuit. Si le bateau ne se montre pas, le copain de la goélette appellera le colonel de l'armée française afin de faire une reconnaissance le lendemain. A minuit rien, à sept heures du matin, toujours pas de bateau en vue ! A huit heures précises, on entend le décollage de deux jaguars de l'armée française. Dix minutes plus tard, le colonel nous prévient qu'ils ont repéré le bateau complètement à la dérive devant la Guinée Équatoriale. Le colonel n'a pas attendu notre décision et a tout de suite envoyé une vedette de l'armée française pour remorquer le bateau des quatre filles épuisées et déshydratées. A leur arrivée en milieu d'après-midi, nous sommes soulagés et remercions le colonel et l'équipage de la vedette pour ce sauvetage. Les filles en seront pour un repas au restaurant ! Dans cette région, il est, en effet, primordial de bien connaître le régime des vents (vent thermique qui souffle de la terre, vers la mer le matin puis qui s'inverse en fin d'après-midi) mais aussi les courants côtiers de cinq à six nœuds dus à la présence des estuaires.

Sorties en Hobie Cat 16

Ayant mis un petit peu la chasse de côté, j'achetai un petit catamaran Hobie Cat 16 pour m'évader et aller régulièrement à la pointe Denis : en effet ce genre de petit catamaran permet de s'amuser, de faire du sport et même des balades. On avait regroupé les achats avec six autres « privés » et l'hôtel Gamba avait accepté de mettre à notre disposition un espace sous les cocotiers pour ranger les bateaux en semaine.

Pendant les trois premiers mois, je navigue devant l'hôtel, au-delà de la zone des nageurs, pour me familiariser avec ce bateau très sportif et rapide. Cela attire beaucoup de monde sur la plage et à l'hôtel, notamment lors des petits déjeuners du samedi et du dimanche et pour le buffet du week-end. J'embarque souvent des nouveaux pour leur faire faire une balade le long du front de mer, et l'ambiance autour de ce petit club est vraiment sympathique. Les privés ont donc décidé d'organiser des régates tous les mois. C'est super de temps en temps, mais la répétition de cette compétition ne me convient pas systématiquement et avec le copain Guy qui a aussi un Hobie Cat 16, on a besoin de plus de liberté et une envie de prendre le large. Alors on commence par traverser l'estuaire et on organise des pique-niques sur la pointe Denis ; puis on se décide à passer la barre de la pointe et à aller derrière, là où c'est sauvage et où les gens ne s'aventurent pas. Là-bas, les plages sont encore vierges, les éléphants fréquentent les savanes la nuit et se réfugient dans la forêt le jour. Avec les deux bateaux, on se sent plus en sécurité et on organise des pique-niques mais aussi des bivouacs dans la nuit du samedi au dimanche. C'était formidable ! Les glacières étant encombrantes sur le trampoline, on s'est mis à pêcher à la traîne en remplaçant la canne par un tendeur de vélo attaché au cadre du bateau : son élasticité remplaçait parfaitement la flexibilité de la canne. Il a fallu mettre au point toute une technique afin de gérer plusieurs paramètres en même temps : réduire la vitesse, remonter la ligne et surtout assommer le barracuda avant de le monter sur le trampoline sans se faire mordre. Cette organisation nous permet d'organiser de supers barbecues dans un cadre exceptionnel loin du monde des plages. Beaucoup nous envient, mais personne ne se décide à venir avec nous, ni même les bateaux à moteur. On décide alors de pousser l'expérience à aller jusqu'à Port Gentil en Hobie Cat : « Vous êtes complètement fous ! » nous disent les propriétaires des gros bateaux et de la goélette. La navigation n'est pas facile car les vents ne sont pas réguliers et les courants nous sont inconnus à l'entrée de Port Gentil, mais nous y arrivons. L'accueil par les « pétroliers d'en face » prévenus de notre venue est incroyable : ils nous mettent une chambre à disposition sur la plage et préparent un repas sous la paillote. On reviendra !

Grâce aux vents, le retour est relativement rapide, mais Guy décide de pêcher et perd beaucoup de temps notamment avec une carangue qu'il met une heure à remonter. Moi je file et arrive le long de la plage derrière la pointe Denis. Comme d'habitude, à cette heure, l'orage tropical monte ! Une barre de nuages noirs annonce un coup de vent à faire chavirer le bateau. A cet instant, on a deux options : s'arrêter sur la plage et attendre une heure que l'orage passe ou nous éloigner de cette zone agitée par la présence d'un banc de sable pour nous mettre à l'abri de la pointe Denis. J'estime que j'ai le temps pour cette seconde option, alors lecteur, accroche-toi !

Le vent forcit, les vagues grossissent et j'essaie de surfer, toujours à la limite du chavirage ! Je fonce sur la dernière vague mais vite, il faut se rabattre sur la plage, accoster et affaler les voiles que j'attache en vrac car la pluie tombe déjà. On se met à l'abri sous le trampoline : on sait que la tempête ne va pas durer. Il tombe des « cordes » et le vent souffle en rafales. Trente minutes plus tard, le calme revient un petit peu. Ouf ! Le plus gros est passé. On s'installe sur la plage et je mets de l'ordre dans les voiles. On marche un peu pour se réchauffer et voir si Guy arrive, mais celui-ci n'arrivera qu'une heure plus tard en s'arrêtant à coté de nous :

- *Où étais-tu ? Moi, je me suis arrêté sur la plage, où l'on pique-nique d'habitude, pour laisser passer l'orage ! Et toi ? Tu as réussi à passer avant ?*

- *Oui, cela a été juste, et on a surfé sur les vagues.*

Après une bonne bière quoiqu'un peu chaude, on rentre tranquillement. Une heure plus tard, on arrive tous les deux sur la plage du Gamba, où une foule inquiète nous attend : « *Alors, comment ça s'est passé ? Et l'orage tout à l'heure ? Vous étiez où ?* ». On remonte les bateaux et autour d'une bonne bière fraîche et méritée, les copains rigolent :

- *Ça s'arrose ! Vous avez réussi, mais on s'est fait du souci quand même !* Guy répond :

- *C'est bon, on est prêts à repartir pour une nouvelle destination !*
- *C'est pas possible ! On ne les changera pas ces deux-là !* et les copains applaudissent.

Quelques semaines passent et nos deux Hobie Cat prennent de nouveau la mer direction Cap Esterias et l'île des trois cocotiers pour d'autres sorties derrière la pointe Denis, notre endroit préféré. Les autres propriétaires de Hobie Cat se contentant de faire des allers-retours le long du front de mer et des régates auxquelles nous participions quand nous n'avions rien de prévu.

La réparation du pont de Kango :
Chasse à l'éléphant

Une barge chargée de sable (genre de grosse péniche de transport) avait percuté le pont. La flèche de sa grue, restée en partie haute au lieu d'être pliée et couchée sur le bateau a heurté la poutre en béton précontraint du pont. Ne pouvant supporter le tablier de l'ouvrage, elle s'est brisée tandis que la barge, elle, a coulé. L'entreprise SATOM est chargée de réparer l'ouvrage et je dois surveiller le bon déroulement du chantier. J'y passe donc mes samedis et mes dimanches avec les responsables et les ouvriers de la société. Le chantier se déroule normalement et presque tous les soirs, les gens du village voisin nous rendent visite et nous racontent leurs histoires et aventures.

Un dimanche matin, alors que l'on sort des cabanes de chantier, les villageois tout excités nous interpellent et nous demandent de venir voir leur plantation de bananiers et de tarot. Avec notre chef d'équipe, nous voilà partis et les suivons. Nous constatons les dégâts : tout a été ravagé et piétiné par les éléphants. Oui, mais que faire ? Du côté de la société, on ne veut pas se mêler de ça. A cet instant, moi, je ne dis rien. Les villageois insistent cependant pour qu'on leur vienne en aide : « *On compte sur vous !* » Je rentre à Libreville.

Le lundi soir, je rencontre Jean Marc, le copain chasseur, et je lui rapporte la situation : comme je m'en doutais, J.M. saute sur l'occasion et me propose de m'accompagner sur le chantier le week-end suivant. On organise la sortie sur le chantier où les villageois sont de nouveau en « ébullition » car les éléphants sont revenus. Le chef de chantier me dit qu'il ne veut, lui, rien savoir et que ce n'est pas le problème de SATOM. Avec J.M. on décide donc de faire une reconnaissance des environs et les villageois nous font accompagner par un guide de chasse. J.M. prend sa carabine et me donne le fusil et nous voilà partis : on fait des cercles de plus en plus grands autour du village pour quadriller le terrain. Tout est calme et les oiseaux s'en donnent à cœur joie : un toucan passe devant nous et donne l'alarme. Cela fait maintenant deux heures que nous tournons et, comme tous les matins j'ai envie d'aller aux toilettes ; je choisis mon endroit et dis à J.M. de continuer. Je m'éloigne à trois ou quatre mètres du chemin et je « pose culotte ». Crac ! Vlan !... Je vois un arbre tomber à côté de moi ! Je me relève sans avoir le temps de m'essuyer et tends l'oreille : j'entends le bruit des mâchoires d'éléphant. Je remonte mon pantalon en cinq sec et tout doucement, je rejoins le sentier et marche sur la pointe des pieds. Je rattrape J.M. et le guide puis on fait demi-tour. J.M. n'en croit pas ses yeux : « *Ils nous ont entendus et nous ont laissé passer ! …* » On retrouve l'endroit (j'avais cassé quelques brindilles) et on se faufile très doucement entre les arbres : ils sont là ! Quatre, cinq… difficile à préciser. J.M. prend la carabine et vise le mâle. Trois coups partent ! L'éléphant s'écroule sur ses jambes. Les autres s'enfuient mais pas très loin, ils tournent maintenant autour de nous. On ne distingue que les ombres mais on assiste à un véritable tremblement de terre : le sol vibre, les arbres tremblent, le reste du troupeau s'est mis à courir en furie avec des barrissements épouvantables et le guide veut partir (je crois même qu'il a dû faire dans son froc). Nous le retenons pour ne pas se faire piétiner. Nous sommes adossés à un gros arbre, la carabine et le fusil prêts ! Combien de temps sommes-nous restés là ? Je ne sais pas. Nous trouvons le temps très long puis finalement le troupeau s'éloigne et le calme revient : L'éléphant devant nous est bien mort. Le guide, rassuré, part en courant prévenir le village et une demi-heure plus tard, ce sont les chants des hommes et des femmes qui résonnent : il y en a partout avec des machettes, des couteaux, des haches et les femmes portent des bassines en aluminium. C'est la ruée, les coups de machettes partent dans tous les sens, on dirait une fourmilière en ébullition ! Les uns essaient de rentrer dans le ventre de l'éléphant d'un côté, de l'autre côté et les couteaux se croisent. Le chef de village surveille et donne des ordres mais il a beaucoup de mal à se faire respecter : les bassines se remplissent et les femmes les ramènent au village puis reviennent. Un homme plonge la main entre les côtes de l'animal, attrape un morceau, tire au moment où le couteau allait s'abattre puis son bras replonge dans le ventre. Un autre homme essaie de faire la même chose que lui, de l'autre côté de l'éléphant. Ils veulent tous les deux arracher le cœur de l'animal pour le donner au chef. J'ai bien cru que l'un ou l'autre allait y laisser un bras ! C'est finalement le plus costaud qui aura le dernier mot et sera ravi d'offrir l'organe sanguinolent au chef. Les boyaux sont maintenant dehors et une odeur pestilentielle se répand : les femmes vident les boyaux et les emmènent. Tout d'un coup, le chef donne de la voix et tout le monde s'arrête : l'homme qui était à ses côtés pénètre dans le ventre de l'animal avec quelque chose à la main. Je regarde et demande à J.M. :

- Qu'est-ce qu'il a dans la main ?

- Je ne sais pas, je n'ai rien vu.

L'homme ressort et tient une petite bouteille pleine de liquide jaunâtre qu'il remet au chef. En fait, l'homme a rempli la bouteille avec l'urine de l'éléphant qui servira à « baptiser » les enfants du chef pour qu'ils deviennent « forts et puissants comme l'éléphant » ! Tout le monde se remet au travail : deux heures plus tard, il n'y a plus que les os et l'intérieur de l'estomac et des boyaux. Les hommes chargés de morceaux de viande et les femmes de bassines remplies prennent le chemin du retour en file indienne. Leurs chants résonnent en une atmosphère impressionnante dans la forêt. Le chef nous remercie et nous le suivons pour rejoindre le chantier. Là, tout le monde est déjà au courant de cette expédition et les commentaires vont bon train ! L'ingénieur et le chef de chantier nous appellent dans la cabane de chantier :

- Ne restez pas là ce soir ! Rentrez à Libreville et n'emportez rien ! On va cacher la carabine et le fusil dans le matériel de chantier ! Visiblement, ils avaient déjà, sur d'autres chantiers, été confrontés à la même situation et contrairement à nous, ils savaient ce qui nous attendait.

- Mais c'est pour rendre service au village !

- Oui, mais ici, tout est bon pour soutirer de l'argent aux « blancs » !

Nous nous changeons, je prends mes documents de chantier et mon « laissez-passer » et nous prenons la route, l'esprit pas tranquille. Arrivés à Ntoum, grand carrefour routier : contrôle de police. Je sors mes papiers et mon « laissez-passer » de la Présidence, ils regardent, demandent à fouiller la voiture et appellent le chef ! Bizarrement, je remarque qu'il y a, à la différence des autres fois, la présence d'un garde des eaux et forêts. Bref, ils nous laissent passer après de nombreuses questions sur ce qu'on a fait et d'où l'on vient... Nos regards se croisent, l'ingénieur avait bien raison. A dix kilomètres de Libreville, on rencontre un nouveau barrage de police, visiblement plus musclé : les gardes des eaux et forêts passent la voiture au peigne fin. Ils nous font descendre et je leur montre, de nouveau, mon laissez-passer mais cela ne leur suffit pas. Ils voudraient bien récupérer le document mais je le tiens fermement ! Pas question de le leur donner. « *On n'a rien trouvé chef !* » On repart mais à l'entrée de Libreville, rebelote : les policiers sont nerveux et passent des coups de fil : « *Pourtant, on nous a dit...* » Je montre mon laissez-passer et insiste sur le travail de contrôle que je fais sur le pont. Ils nous demandent alors où l'on va :

- *On rentre chez nous à l'Hôtel Okoumé Palace.*

- *Bon, passez !*

En roulant, je dis à J.M : « *On ne va pas rentrer à l'hôtel par l'entrée principale, on va rentrer par derrière je connais le gardien de la porte de service.* » Au quartier Louis, on prend donc une petite route qui arrive derrière l'hôtel : le gardien me reconnaît mais demande à téléphoner à son chef. Jusqu'ici tout semble normal. Je me présente et il fait ouvrir la porte d'entrée. Nous garons la voiture et montons dans ma chambre qui a la vue sur la mer et sur l'entrée principale. Comme je le craignais, il y a bien un barrage devant l'entrée du parking. J'évite d'allumer la lumière car ils doivent connaître mon numéro de chambre et me surveiller. Ce soir-là, nous nous sommes enfermés dans nos chambres respectives sans allumer, ni même pour manger. Je passe une mauvaise nuit, surveillant sans cesse la fenêtre. On ne recommencera pas ce genre d'expérience, même pour rendre service.

La semaine suivante, arrivé au pont, je demande à voir le chef du village pour lui dire ce que j'en pense mais l'ingénieur du chantier m'en dissuade. Je reprends alors mes activités de contrôle comme avant, les villageois ne reviendront pas nous voir. Quinze jours plus tard, au bar Pelisson, Hélène m'appelle discrètement au bout du bar et me dit :

- *Tu as eu de la chance ! Ne t'amuse plus à ce genre d'opération car tu pourrais prendre l'avion !*

- *Ok, tu as raison, mais c'était au départ pour la bonne cause !*

- *Oui, mais ici, l'appât de l'argent n'a pas de prix !*

- *Le Tam-tam africain fonctionne très bien et il est redoutable pour les Blancs.*

Sortie en 4X4 Suzuki
au Cap Militaire : La galère

Pendant la petite saison des pluies, on décide avec Sophie de faire une sortie 4X4 au Cap Militaire sur la route du Cap Esterias. C'est une destination très prisée de ceux qui ont des gros 4X4 (Toyota, Land Rover, Patrol) et qui ne sortent pas en brousse. Hier soir, il y a eu un gros orage, on devrait s'amuser avec la Suzuki !

On rentre sur la piste, très mauvaise car remplie de grosses ornières pleines de boue. On glisse, on se met en travers, on passe doucement et alors qu'un Patrol est déjà embourbé, on sort sans problème du bourbier et empruntons la piste qui mène à la petite plage du Cap (souviens-toi lecteur, où au large, Jean-Claude était tombé à l'eau). La voiture glisse mais tout va bien ; on s'engage sur une petite côte et après une descente, on fait face à une ravine de plus d'un mètre de profondeur. Sophie, qui conduit depuis la sortie du bourbier hésite :

- On y va … ?

- Bien- sûr, on est là pour ça !

On s'engage, une roue de chaque côté, ça glisse et on est secoués mais ça passe ! La Suzuki se tord dans tous les sens et on se cramponne ! A présent, ce n'est plus une ravine, c'est la moitié de la piste qui a été emportée par l'orage…Trop tard, on est engagés, la roue droite glisse et tombe dans le trou, Sophie débraie : erreur ! Il fallait passer en force. La voiture glisse et se couche sur le côté, finit par basculer et on se retrouve sur le toit, deux roues en l'air ! Moi je suis coincé en bas mais Sophie réussit à sortir par la porte. Je coupe le contact et je me hisse pour sortir à mon tour par la seule porte disponible. On constate les dégâts : nous, on n'a rien et c'est l'essentiel pour l'instant ! La voiture est sur le flan, inclinée à quarante-cinq degrés. Le pare-brise a sauté sans se casser et tout le haut de la voiture est bien tordu ! Que faire ? Pas de panique, ça ne sert à rien ! Il n'y a pas de village à proximité et retourner à pied pour chercher de l'aide prendrait trop de temps. Il faut remettre la voiture sur ses roues : on ouvre le coffre et j'attrape la matchette qui, heureusement nous suit partout. On va couper deux petits troncs d'arbres suffisamment longs pour faire des leviers d'environ trois mètres. Les deux leviers sont disposés entre la voiture et la terre, mais, si la voiture bouge, on est loin de la faire basculer ! On essaie une deuxième fois. Un chasseur ayant entendu le bruit de la matchette arrive avec une petite antilope en bandoulière et un tronc de palmier calé sous son bras. On coupe un troisième morceau de bois et à trois on remet la voiture sur le côté :

Ouf ! C'est déjà pas mal mais c'est pas gagné ! Il va falloir la faire glisser petit à petit car nous sommes dans un trou profond. On gagne dix centimètres, puis vingt puis un peu plus et finalement, une demi-heure plus tard, la voiture est enfin sur ses roues mais, bien amochée. Ouf ! Bon, maintenant, il faut la sortir du trou. Je monte et mets le contact, elle démarre sans problème. Pour conduire, il faut sortir la tête par la fenêtre de la portière, quelle position inconfortable !... Avec les leviers placés sur les longerons avant, on réussit en comptant jusqu'à trois à sortir, non sans mal, la voiture du trou puis à remonter en marche arrière sur une dizaine de mètres. Il faut encore faire demi-tour mais le chasseur qui manie la matchette tous les jours dégage suffisamment d'espace pour l'opération en deux temps trois mouvements. Cela va nous coûter deux bières Régab et deux de nos boîtes de sardines mais… on le remercie pour son aide et à Sophie qui ne veut pas reprendre le volant, je réponds : « *Je n'aurais peut-être pas fait mieux !* »

Nous voilà repartis et nous arrivons au bourbier où le Patrol n'a pas bougé d'un pouce. Planté jusqu'aux portières, ils rigolent en voyant l'état de notre voiture. Nous passons sur le côté sans nous arrêter ; d'abord, on ne pourrait rien faire avec la Suzuki et, en plus, il y a trois gros 4X4 qui sont là pour le sortir mais ils ne savent pas comment faire. Tant pis, on ne s'arrête pas. Nous rejoignons la route goudronnée et on ne s'arrête pas voir la « gueule » de la voiture. On rentre ainsi à Libreville avec un succès fou : tout le monde rigole…même au barrage, les policiers sont pliés en deux. Arrivée au parking de l'hôtel, jamais la Suzuki n'a eu un tel succès : elle sera l'attraction pendant un moment !

Le lendemain, je porte la voiture au garage pour quelques arrangements de tôlerie et de peinture et va savoir pourquoi, lorsque je la récupère, ma Suzuki jaune est devenue verte : tout le monde l'appelle désormais « la grenouille de Libreville ».

Drôle d'expertise à l'aéroport de Libreville

Un samedi matin, à sept heures, je reçois un coup de téléphone du Bureau Veritas me demandant de me rendre à l'aéroport pour enquête et expertise du bureau de communication de l'aéroport, et c'est urgent !

Je saute dans mes baskets, prends un café et arrive à l'aéroport non loin de l'Okoumé Palace. Un contrôleur me demande mes papiers et le but de ma visite, car à cette heure-ci l'aéroport est désert. Seuls quatre militaires sont là, armés de Kalachnikov. L'un d'eux, visiblement leur chef, m'appelle et après avoir vérifié ma carte, me dirige à l'intérieur du bâtiment où je découvre la salle de communication. Pourtant refaite à neuf, il y a des impacts de balle autour de la porte ; cette dernière a explosé sous les balles ! Je prends quelques photos, puis rentre à l'intérieur au milieu des débris de verre. Quel carnage ! Aucune personne n'a été blessée rassure-toi mais le mur au-dessus de la paillasse est criblé de balles, le fax et l'imprimante (qui devaient être neufs) ont littéralement explosé. Les douilles de balle jonchent le sol devant la porte d'entrée. Je me retourne vers le militaire et lui demande :

- Une attaque ? … (silence)

- Non.

- Il y a des blessés ? ou des morts ??? …. (Silence)

- Non.

Le chef, un peu ennuyé, finit par m'expliquer que c'est celui qui garde l'aéroport toutes les nuits qui a tiré ! Mais sur qui ?! Le responsable de l'aéroport qui a été prévenu, arrive en courant et se met à hurler en voyant les dégâts ; il a les mains sur la tête et s'adresse au bon Dieu. Il tourne, gesticule en voyant les machines pulvérisées : « *On les a installées hier soir et elles étaient toutes neuves !* »

Il s'adresse au militaire pour en savoir plus et obtient cette explication… Pendant qu'il faisait sa ronde, le militaire de service a cru voir une ombre (sûrement la sienne). Au même moment, le fax s'est mis en marche en faisant un bruit bizarre. Alors, comme la machine ne se met pas en route toute seule, il a cru que c'était un esprit et il a tiré dans la porte…puis comme le fax continuait, il a tiré sur la machine … mais le deuxième fax s'est alors mis en marche et l'ombre se déplaçait ! Alors il a tiré pour tuer cet esprit qui faisait marcher ces machines ! On se regarde avec le responsable : « *Vous ne leur avez pas dit que ces machines se mettent toutes seules en marche ?* » Il ne répond pas et hoche la tête… Ce n'est pas possible ! Je rentre à la chambre et prends un bon petit déj avant de faire mon rapport.

Le lundi matin, la secrétaire du Bureau Veritas, une française, se met à rire en tapant le rapport…Eh bien, figurez-vous que deux jours plus tard, le Bureau avait remplacé les vieilles machines à écrire à frappe mécanique par des machines électroniques toutes neuves. La femme de ménage, une Togolaise, venant tous les deux jours pour faire son travail avant l'arrivée du personnel n'a pas cru utile de changer ses habitudes. Ainsi, elle lava à grande eau la machine de la secrétaire de direction qui rendit l'âme en un magnifique court-circuit quand cette dernière alluma sa machine. Elle avait oublié de donner les consignes ! Et je peux vous assurer que des événements de ce genre ont été très fréquents dans de nombreuses entreprises de la place. On ne passait pas quinze jours sans qu'il y ait quelque chose d'insolite.

Un jour, à l'université, on a découvert un piton de six mètres de long et plusieurs cobras en plein centre de Libreville ! Aussi, avec le Transgabonais, il y avait, en gros, un train par jour de marchandise et le seul passage à niveau n'avait pas encore de barrière. Un jour, alors que le train croisa un gros manitou de manutention du port, le chauffeur arrivant par la droite klaxonna, pensant avoir la priorité ! Heureusement le chauffeur réussit à sauter mais il faut voir comment il criait et engueulait le conducteur de la locomotive ! Non pas pour sa machine broyée mais pour le refus de priorité !

Pratiques de sorcellerie

La sorcellerie est encore très présente dans les années 1980 et même si le « blanc » ne risque rien, il faut faire attention où l'on met les pieds. Avec Fred, je suis invité à une cérémonie destinée à repousser les mauvais esprits qui s'abattent sur un petit village des environs de Libreville. Hélène me dit de ne pas y aller seul.

Les masques en bois et les tenues en paille sont de sortie et les danses suivent le rythme envoûtant du Tam-Tam et d'une sorte de cithare ; tout le village est en ébullition. Pour entrer en transe, les hommes prennent une potion ressemblant à une purée faite d'écorces d'arbres de la forêt gabonaise mélangée avec de l'huile de palme et d'autres ingrédients méconnus dont le nyamboué (ou Yohimbe). Nous essayons de goûter, berk ! On recrache vite la mixture au goût amer et très fort. Si vous souhaitez rentrer en transe, il vous faudra en manger une pleine assiette ! Bon, on n'est pas là pour ça et quand on voit dans quel état ils sont après, il vaut mieux éviter. Le pire, c'est que dès qu'une personne entre en transe, toutes les autres s'excitent et veulent en faire autant, si bien que personne ne contrôle plus personne, et c'est à ce moment qu'il vaut mieux s'éclipser. Nous nous échappons furtivement en prétextant aller aux toilettes. Le lendemain, on apprendra la mort d'un participant.

Je travaille par la suite en collaboration avec l'école des travaux publics de Fougamou où est basé un jeune VSN (volontaire du service national) donnant des cours de conduite d'engins. Il est accompagné de sa femme, institutrice dans le village. Les habitants et les autorités locales sont très contents de leurs prestations et veulent les garder. Eux se plaisent bien aussi, mais ressentent le besoin de changer d'air et de toute façon, le contrat du jeune arrive à expiration. Ayant prévenu les autorités de leur départ, celles-ci organisent une grande fête avec un repas traditionnel, plats, fruits, gâteaux et bière à volonté. Tout se passe bien et les adieux sont très chaleureux. Le lendemain, les deux jeunes prennent l'avion d'Air France et commencent à se sentir mal en plein vol. A leur arrivée à Paris, une ambulance les conduit à l'hôpital militaire de la Pitié-Salpêtrière pour faire des examens. Et là, stupeur ! Le diagnostic tombe :

- On ne peut rien faire ! Nous n'avons pas l'antidote et aucun médicament !

- Il faut vite les renvoyer au Gabon car eux, ils ont tout ce qu'il faut !

C'est ainsi que, sous calmant, les deux jeunes reprennent l'avion et sont reconduits en ambulance à Fougamou. Ils sont très bien accueillis et tout le monde est aux petits soins avec eux.

Trois jours plus tard, ils n'ont plus aucune douleur et sont sur pied et en bonne santé. A l'ambassade, on n'en revient pas ! Mais que faire maintenant ? Comme je connais bien la route et les intéressés, le chef de mission de la Coopération Française me demande si je peux envisager d'aller chercher ces deux jeunes avec une voiture 4x4 de l'ambassade. L'opération devrait se dérouler de nuit, afin de les ramener à l'ambassade incognito. Sachant ce qui s'est passé et connaissant le jeune volontaire, j'accepte, à condition que l'ambassade fixe la date à l'avance et que personne ne soit au courant, même pas les intéressés. Je demande à ce qu'on précise les modalités pour les récupérer et l'établissement d'un papier officiel. Ils devront partir sans valise, et ne pourront amener qu'une trousse de toilette, de l'argent et leurs bijoux, il faudra aussi convaincre la femme du VSN...Je prépare la mission avec un ordre de mission à établir le moment venu, équipe un 4x4 Toyota neuf avec deux roues de secours et deux jerricanes de gasoil en plus du plein. La mission est programmée pour la mi-novembre.

Mi-novembre, le mercredi après-midi, je prends la route et arrive à Fougamou à vingt-deux heures alors que le village est déjà endormi. Je frappe à la porte de leur maison : rien ! J'insiste ... Rien ! Je fais le tour de la case et frappe à la fenêtre quand j'entends une voix. Je reviens à la porte et frappe de nouveau : la porte s'entrouvre et le jeune est planté devant moi avec une matchette à la main ! « *Chut !!!!* » lui dis-je, le doigt sur la bouche. Il se frotte les yeux, baisse la matchette et finit par me reconnaître. Du fond de la case, sa femme lui demande qui c'est.

- *Chut !!!* Il retourne la voir et reviens vers moi :

- *Tu es en panne ?* me dit-il.

- *Non, je suis là pour vous emmener sans que cela se sache : voici le mot de l'ambassadeur ! Je vous expliquerai ça en roulant dans la voiture. N'allumez pas la lumière ! Vous vous habillez et prenez vos papiers, passeport, argent et bijoux mais pas de valise !*

- *Quoi ?!* répond la femme.

- Oui désolé mais ce sont les consignes et c'est moi qui suis à la manœuvre, alors si vous voulez que l'on vous évacue en toute sécurité, il faut faire vite et sans bruit pour ne pas alerter le village.

Dix minutes plus tard, ils ferment la maison, laissent la clé et on prend la route direction Libreville. Je m'arrête faire le plein avec les jerricanes et, grâce aux plaques d'immatriculation vertes, je passe facilement les barrages. Nous arrivons à trois heures du matin. Le gardien m'attend. Il envoie un message à l'ambassade et conduit les deux jeunes dans une chambre de passage. Moi, je rentre à l'hôtel, ma mission étant accomplie. Le lendemain, les deux jeunes prennent l'avion et rentrent en France en bonne santé. On apprendra plus tard qu'ils avaient mangé des petites galettes contenant des moustaches de panthère coupées en petits morceaux. Non digérés, ils entraînent la perforation de l'estomac ainsi que des intestins. « En tout cas » (comme on dit en Afrique), on avait réussi cette évacuation et j'eus les félicitations de l'Ambassadeur. Deux ans plus tard, nous avons utilisé cette même technique pour évacuer un ressortissant français en mauvaise posture avec les autorités locales.

Souvenirs et expériences du Transgabonais

Pendant toute la période de construction du Transgabonais, je vais presque tous les mois sur le chantier et je peux ainsi bénéficier de toutes les expériences grandeur nature des ingénieurs du bureau d'études et du terrain. Je tiens d'ailleurs à remercier la société Eurotrag et surtout ses ingénieurs pour leur disponibilité et le partage de leur vécu sur le chantier et les bases vie.

Je commence donc par le chantier autour de la ville de Ndjolé en participant à l'inauguration du tronçon Ndjolé-Libreville. Un week-end, à la base vie de Ndjolé, l'ingénieur du bureau d'études m'invite à une sortie de « chercheur d'or ». Nous sommes une dizaine et embarquons dans trois Toyota 4X4 BJ40, pelles, pioches, grandes bassines en aluminium et bien sûr une glacière contenant un casse-croûte et des boissons. Vingt minutes plus tard, les voitures sont sur le bord de la piste de service qui longe la voie ferrée. Le chef a repéré un petit cours d'eau où, d'après lui et les enquêtes menées, on devrait trouver quelques pépites d'or. L'ambiance est super sympa et décontractée. On marche en file indienne avec les outils à la main pendant une quinzaine de minutes et arrivons au lit du ruisseau :

- *C'est ça ta mine d'or ?* s'exclame un ingénieur du chantier en éclatant de rire.

- *De toute façon, on est surtout venus pour passer un bon moment, ne vous attendez pas à trouver un lingot !* répliqua le chef.

Il nous explique pourquoi il vaut mieux creuser là, plutôt que là, dans le mélange de terre et de cailloux et nous montre ensuite comment faire une battée. Tout le mouvement consiste à faire tourner la bassine avec son contenu pour que les particules lourdes se séparent des autres ce qui n'est pas si évident au début. Par groupe de deux, on pioche, on pelle, on remplit la bassine. « *Non c'est trop plein tu n'y arriveras pas !* » On rigole et chacun se moque de l'autre. Tout le monde se « surveille » et attend le : « Ça y est j'en vois une ! ». Il faudra bien attendre une heure pour cela mais quel plaisir de découvrir une minuscule paillette d'or dans les restes de cailloux, ça s'arrose !

Finalement, tous les groupes finissent par trouver deux à trois petites paillettes mais pour quelle énergie ! On est trempés ! Une chose est sure, on ne va pas se transformer en chercheurs d'or ! Mais tout le monde est ravi de cette sortie enrichissante. On revient donc aux voitures, en file indienne et en chantant lorsque aïe aïe aïe !!! L'un de nous a mis la main sur un petit tronc d'arbre et s'est fait mordre par une grosse fourmi restée accrochée à sa main : c'est un magnan, grosse fourmi avec des pinces. Ça fait mal, très mal, et pour l'enlever, pas le choix que d'arracher le morceau de peau et de chair qu'elle a pincé. Salle bête ! Le chef nous explique que les magnans se déplacent en une colonne qui mange tout sur son passage. Les magnans sont capables de traverser un village et même les maisons en terre. Elles peuvent aussi manger les animaux vivants ou morts. Les fourmis magnans ont été utilisées par le docteur Schweitzer pour faire des sutures à Lambaréné. Elles sont aussi utilisées en sorcellerie [2]. Bref, le temps de nous expliquer cela, la main du copain a doublé de volume et il est comme paralysé du bras par le venin anesthésiant. « *Bon, ça va passer ! C'est l'expérience de la brousse ! Aussi avant de mettre la main sur un arbre, vous regarderez, maintenant, s'il n'y a pas de magnan ! Mais attention, il peut y avoir des épines et c'est aussi douloureux et même plus car les blessures s'infectent.*

Un de ces arbres est le fromager (non il n'a pas de fromage), mais les locaux le connaissent très bien, il a de très gros contreforts en bas qui le stabilisent. » On revient à la base vie, la douleur a déjà disparu.

Au cours d'une autre sortie, toujours avec la même équipe, le chef nous fait découvrir les figuiers ou ficus étrangleurs. Ces deux variétés prennent naissance à partir de graines déposées par les oiseaux dans la fourche d'un gros arbre. Les graines vont alors se nourrir de la sève de l'arbres pour grossir et se développer puis le jeune arbre étendra ses futures racines jusqu'au sol. Les racines puisent alors leur nourriture dans la terre, grossissent et finissent par étouffer l'arbre porteur : d'où le nom de figuier ou ficus étrangleur. L'arbre étouffé n'a ainsi plus de résistance, or, c'est lui qui assure la stabilité de l'ensemble notamment sous l'effet du vent. Les tiges et racines qui entourent l'arbre ne sont pas assez résistantes et donc, sous le poids de l'arbre mort et de l'effet du vent, c'est tout l'ensemble qui est fragilisé et tombera sous les orages. Dans ces mêmes sorties, j'ai pu découvrir aussi les arbres aux très grands contreforts de deux à trois mètres de hauteur, impressionnants et très connus des chasseurs, car ils permettent de se réfugier et de se protéger contre une attaque. Une fois blotti entre deux contreforts, on se sent tout petit !

Après Ndjolé, le chemin de fer suit sensiblement la vallée du fleuve Ogooué, et il est souvent plus facile de se déplacer en pirogue qu'en voiture, à condition de bien connaître le maniement de la pirogue. En effet, il faut s'accrocher, car les rapides sont nombreux au milieu des énormes cailloux et le piroguier doit faire preuve d'une dextérité digne d'un pilote de course ! C'est ainsi que l'on accède aux grands ouvrages des ponts métalliques du Transgabonais. Je passe ainsi beaucoup de temps sur la construction des ponts, mais aussi de la plateforme de la voie ferrée, là où il y a tous les gros engins de terrassement : bulldozer D8, Caterpillar à benne basculante... Le ballet des engins est impressionnant et tout le monde se croise sans aucun problème pendant le travail. Le vendredi, à l'heure de la débauche et malgré les consignes de la Direction, les chauffeurs font la course pour rentrer à la base vie et il se produit alors des accidents spectaculaires : un bull qui finit dans le fleuve et qu'il faut aller repêcher, l'autre qui n'arrive pas à ralentir et pousse la barge du bac, la renverse et finit à l'eau. Pour y avoir assisté, je peux vous dire que vous n'avez pas envie de rester sur la piste quand vous voyez ces monstres à plein vitesse !

Les paysages sont magnifiques et le contraste entre le vert des arbres, le jaune de la savane et le rouge de la latérite vous transporte à chaque fois dans un décor enchanteur fait de collines et de forêts galeries. Après Ayem, le chantier longe la réserve de la Lope, grande forêt primaire où les animaux sont ici chez eux. Il n'est pas rare, le matin, de voir des éléphants sur la plateforme du chemin de fer, des antilopes, des singes et même un jour un énorme piton d'une dizaine de mètres qui avait avalé une petite antilope (on aurait dit qu'il avait avalé un ballon de basket). Les ouvriers du coin et villageois des environs l'ont tué pour le manger et nous avons eu droit à une part pour le midi. La viande était légèrement filandreuse, blanche comme de la viande de veau, au goût fameux à condition de l'accompagner d'une bonne sauce. Sur ce chantier, il ne se passe pas une semaine sans qu'il y ait un évènement insolite pendant la déforestation de la plateforme : un éléphant qui charge un bull, un arbre à magnan qui tombe sur un engin et pousse le chauffeur mordu à abandonner sa machine en hurlant, ou encore un essaim d'abeilles qui s'abat sur le bull et son chauffeur...

Il me faut aussi vous parler des problèmes de sorcellerie liés à une ou des présences particulières et qui restaient souvent incompréhensibles pour nous. Dans ce cas, il faut faire avec et faire tourner le chantier car, à la moindre alerte de sorcellerie, tous les employés locaux déguerpissent et quittent leur travail. Parfois, il faut vraiment avoir les nerfs solides pour rester six mois sur un chantier. Autre fait intéressant à signaler, est le grand professionnalisme des pilotes des avions qui tous les jours, font les allers-retours entre Libreville et les bases vie des chantiers. En effet, chaque matin et souvent toute la journée, le ciel est constamment couvert de nuages denses, surtout au-dessus de la forêt. Alors, les pilotes des avions canadiens à atterrissage court, arrivés à dix à quinze minutes de leur destination, cherchent un trou dans les nuages, un espace permettant de voir le sol ou la forêt. Dès qu'ils l'aperçoivent, accrochez-vous car ils plongent littéralement en piquet pour traverser le coussin nuageux ! On se retrouve alors à dix ou vingt mètres au-dessus des arbres avec une bonne visibilité. C'est à ce moment qu'ils font cabrer l'avion pour éviter de s'écraser ! La manœuvre ne dure que deux à trois minutes, mais c'est impressionnant ! On voyait alors les arbres de très près et le paysage devenait splendide. Des fois, il y avait des chèvres du village sur la piste et il fallait faire un passage en rase motte pour les faire partir. A chaque voyage c'était une expérience intense.

[2] L'arbre à magnan serait encore utilisé en sorcellerie comme décrit dans un dessin du Petit Journal en 1909 (Dans Histoires de fourmis, de Charles Ficat, 1998, Ed Sortilèges, p.100), illustrant une femme accusée d'adultère attachée à l'arbre à magnan. Je laisse à mes lecteurs le soin de faire leurs propres recherches sur ce sujet.

Expertise à l'hôpital d'Oyem pour le Ministère des Finances

Un samedi matin à sept heures trente, coup de téléphone du Bureau Veritas : « *Un avion privé vous attend à huit heures à l'aéroport civil pour aller faire l'expertise des travaux de la construction du nouvel hôpital d'Oyem, dans le nord du Gabon. Vous aurez tous les documents nécessaires à bord, bonne journée.*» Encore un week-end écourté !

Je me prépare, prends un café et à huit heures pile, j'arrive au bureau de l'aviation civile où le pilote m'attend. Tout est déjà prêt, on monte dans un jet privé avec une glacière à bord bien fournie, on peut y aller ! Une autre personne m'accompagne, mais à part son prénom, il ne me décline pas sa position ! Je n'insiste pas et me plonge dans le dossier : expertise du terrassement à vérifier, des locaux réalisés et des équipements livrés. J'ai tous les plans et les listes de matériels et cela ne me semble pas très compliqué mais il doit y avoir quelque chose de caché pour que ce soit le ministre lui-même qui ait demandé cette expertise !

En arrivant à Oyem, je demande au pilote si on peut survoler le chantier et faire le tour de la colline sur laquelle est construit le nouvel hôpital : il s'exécute et je peux ainsi faire quatre photos sous des angles différents, qui me serviront à justifier l'exactitude des travaux de terrassement. On se pose, une voiture nous attend pour nous conduire au chantier. J'ai déjà fait mon plan de travail : je demande à faire le tour en voiture pour me repérer et connaître la disposition des bâtiments, des voies d'accès et du parking : tout est OK. On se gare et nous rentrons dans le bâtiment principal où le Directeur est déjà là : en fait, l'hôpital est déjà opérationnel depuis plus d'une semaine ! Les constructions sont réalisées correctement et le matériel installé correspond à celui de ma liste sauf pour les toilettes où ils ont acheté des urinoirs pour enfants qu'ils ont placé très bas ! Bonjour le nettoyage ! Bon, c'est un détail, c'est le responsable de l'hôpital qui a passé la commande. On entre maintenant dans le bloc opératoire : un sas, puis la salle d'opération où le chirurgien est là en train d'opérer ! J'hésite à entrer, mais le Directeur me dit d'y aller. Je m'avance, le chirurgien opère un patient le ventre béant ! Il fait chaud et je constate que la fenêtre est grande ouverte, sans moustiquaire ni climatisation. L'anesthésiste, lui, dort sur la paillasse. « *Il s'est endormi avec le patient !* » me confie le chirurgien. Je me demande alors s'il s'est piqué aussi…lorsque je vois, là, sous la table d'opération, et je ne rêve pas : un chien ! Je regarde le chirurgien et lance :

- *C'est quoi ?!* Et le plus naturellement du monde, le chirurgien me répond :

- *C'est mon chien et il est propre ! Plus propre qu'une poubelle qui n'est pas vidée et nettoyée !*

Je reste bouche bée ! Incroyable ! Le Directeur n'a pas souhaité le contredire. Étant donné que ce n'est pas l'objet de ma venue, je ne fais pas de commentaire car cela pourrait vite dégénérer. Un peu troublé quand même, je continue mon expertise avec la tête ailleurs. Dans les salles de soin, tout l'équipement est neuf et correspond à la doc. On arrive aux cuisines et là, en voyant ma tête, le Directeur me dit :« *Ne vous inquiétez pas, ici ce sont les familles elles-mêmes qui s'occupent des gens hospitalisés ; souvent, il y a toute la famille, ce n'est pas du personnel de l'hôpital* ». Il a bien fait de me le dire, car cinq ou six femmes sont là, par terre, entourées de bassines et elles préparent à manger sur des kanouns [3] en tôle avec du charbon de bois ! Devant mon étonnement, le Directeur ajoute :

- *Ici c'est la tradition, les femmes préparent le repas à leur mari car elles ont peur qu'on les empoisonne !*

- *Oui je veux bien, mais il faudrait surveiller un peu l'hygiène, vous ne croyez pas ?*

Pas de réponse. J'arrive dans les chambres pour malades. Maintenant je ne suis plus surpris, c'est un grand dortoir où il y a des lits avec des malades mais aussi des nattes par terre et tout ce dont la famille a besoin pour l'accompagner. En fait, toute la famille couche à l'hôpital ! Dans ma tête je pense « quel désordre ! », mais ces remarques ne figureront pas dans mon rapport. Après quatre heures de visite, j'informe le directeur que j'ai tous les éléments pour faire mon rapport.

- *OK, me répond-il, mais attendez je dois passer un coup de fil au Gouverneur.* Il téléphone et me dit :

- *Nous avons rendez-vous avec le gouverneur qui vous attend.*

- *Mais ce n'était pas prévu !*

La maison du gouverneur, un château situé tout près de l'hôpital est toute neuve ! Bizarre…et la personne qui m'a accompagné tout le long n'est plus là. Je suis très bien accueilli par le gouverneur et son équipe : apéro, petits fours et champagne (je fais attention à ne pas manger de galettes et à éviter les plats locaux). Et dans des coupes en or s'il vous plaît ! Je n'avais jamais vu cela, mais ma foi, le champagne était bon ! « *A votre santé et j'espère que le rapport répondra favorablement à la demande du ministre !* Après une seconde coupe un peu forcée car il ne faut pas vexer les officiels, on prend congé et on me raccompagne à l'aéroport où le pilote m'attend avec son passager. On décolle et je jette un dernier coup d'œil à l'hôpital et surtout à son environnement car le volume de terre décaissé sur le dossier me paraît énorme. Je me pose beaucoup de questions et sors mon agenda pour noter quelques points importants ; c'est là que mon voisin m'interpelle et m'invite, après avoir attrapé la glacière, à prendre de nouveau une coupe de champagne, mais précise-t-il « dans des flûtes en verre ». Tiens, tiens, le voilà maintenant qui commence à parler : « *Alors, comment avez-vous trouvé les constructions ? Et les équipements… ? Au fait, dans votre rapport, il faudra éviter de parler de… et d'insister sur… ».* Je m'en doutais ! Parle toujours tu m'intéresses ! Je sais très bien ce que j'ai à faire et ce que j'écrirai dans mon rapport. Pour le rassurer, je lui parle des toilettes pour enfants et de la cuisine mais pas de l'essentiel, pour rester en dehors de toute influence. Il a un grand sourire, j'en profite pour lui demander :

- *Mais au fait, pourquoi vous n'étiez pas chez le Gouverneur ?* Il hésite un moment, puis me dit :

- *C'est assez délicat, mais la maison du gouverneur a été construite avec l'hôpital.*

- *Oh vous savez, je m'en doutais, mais je n'en parlerai pas dans mon rapport.*

Il semble soulagé ! Je rédige mon rapport en insistant sur les terrassements qui ne correspondent pas du tout au dossier. J'ajoute que les bâtiments et les équipements sont en grande partie conformes au descriptif que l'on m'a donné. Quatre jours plus tard, le D.G du Bureau Veritas me transmet les félicitations du ministre pour le rapport mais me dit avoir eu une communication très remontée de la part de la société et il faut que nous en parlions. Pas de problème, moi j'ai fait mon boulot en dehors de toute influence. Le D.G. me répond : "*Ah, maintenant je comprends ! Mais vous auriez pu m'en parler !*"

Quinze ans plus tard dans le nord de la Guinée à Gaoual, j'ai été confronté à la même situation dans la salle d'opération, mais cette fois-ci sans le chien mais avec un patient qui se tordait de douleur sur la table d'opération alors que l'anesthésiste dormait profondément sur la paillasse ; il s'était sûrement trompé de bras pour la piqûre !

[3] kanoun : Poterie creuse en terre cuite utilisée comme un brasero pour la cuisson des aliments au charbon de bois. Sa forme aux bords échancrés permet de poser dessus des récipients ou des produits à cuire directement sur les braises

Sortie dans le sud du Gabon

Pour les vacances de Pâques, on décide avec Fred de partir explorer le Sud. On prépare donc la Suzuki avec deux roues de secours, deux jerricanes d'essence, deux glacières de bouffe, tente, matelas et moustiquaires. On part vers neuf heures du matin et empruntons la route goudronnée jusqu'à Ntoum puis l'embranchement à droite, direction Lambaréné. A partir de là, c'est de la piste en latérite, praticable à part quelques passages boueux. Il faut cependant faire très attention aux grumiers qui prennent toute la route et il vaut mieux se mettre carrément dans le fossé. La nuit, c'est encore pire, car dès qu'ils vous voient, ils éteignent leurs phares. On arrive à Lambaréné et logeons chez les sœurs à la mission catholique. Pour la visite des lacs, elles nous conseillent un piroguier de confiance : nous le prendrons.

La descente du fleuve Ogooué est superbe : des arbres immenses, des toucans au vol caractéristique, des perroquets du Gabon gris à la queue rouge, les singes qui hurlent à notre passage, des varans sur les troncs d'arbres. On se régale… Le piroguier nous lance alors : « *Attention les hippopotames, devant* ». Nous ralentissons et passons à côté de ces masses énormes, qui n'aiment pas les pirogues. Pour preuve, les accidents sont nombreux. Enfin, on arrive au niveau de cet immense lac aux nombreuses petites îles. Le ciel est couvert et la lumière n'est pas terrible pour prendre des photos. « *On va aller sur une des îles où il y a un camp de chasse, il n'y a personne en ce moment.* ». Le camp est tenu par un « blanc » et se compose d'une maison et de trois paillottes en bois recouvertes de chaume, destinées aux visiteurs ou aux chasseurs. C'est simple, mais propre. L'accueil est chaleureux et à la nuit tombante, le « blanc » nous propose un tour de pirogue pour le repas du soir. Il prend sa carabine et nous voilà partis. Il se dirige vers une petite île très boisée qu'il connaît bien ; nous sommes assis derrière lui. En arrivant près de l'île, il demande à ralentir. Sa lampe torche éclaire le rivage, il nous dit : « *Regardez ! Les yeux !* ». Trop tard… « *Là, regardez sur l'eau le point rouge !* » Effectivement, on le distingue bien. C'est un crocodile qui, quand on s'approche, disparaît dans l'eau. Pas rassurant tout ça ! Il continue à balayer la berge avec sa lampe quand tout à coup, il prend sa carabine et pan ! On n'a rien vu mais il dit au piroguier d'avancer vers la berge. Là, il se penche et attrape une petite antilope rousse et la met dans la pirogue : ce sera le repas du soir. Nous rentrons et pendant qu'il dépouille et vide l'antilope, nous préparons les lits et installons les moustiquaires, dont on aura bien besoin ! Au menu : bananes plantain frites et antilope arrosée de bière que nous avons amenée. Il nous raconte des histoires de chasse, mais surtout la chasse au crocodile :

« Quand tu as repéré l'œil du croco, il faut s'approcher par derrière avec la pagaie et quand tu es assez près, tu sautes à l'eau sur la bête avec un couteau à la main et tu dois l'égorger du premier coup car sinon gare à tes jambes ! Tu n'as pas le droit à l'erreur. » Ça c'était la bonne vieille technique, maintenant, on ne prend plus ce risque avec les carabines.

- Ah bon ?! Je ne voudrais pas essayer !

La soirée se termine et nous rejoignons nos lits, les moustiquaires sont noires de moustiques ! Le piroguier nous donne un dernier conseil :

« Attention à ne pas en faire rentrer et attention aussi à ne pas toucher la moustiquaire avec les pieds ou les bras pendant la nuit en dormant, cela ne pardonne pas ! » Le message est clair ! On s'en sortira bien...

Après le petit déj, on reprend la pirogue, on fait le tour de l'île mais le plafond est bas, très bas et il vaut mieux rentrer. A Lambaréné, on fait le plein d'essence et de bière et on reprend la piste direction Fougamou où il y a l'école des travaux publics et les VSN. Nous mangeons des plats locaux dans un petit boui-boui et reprenons la route pour aller dormir chez un copain d'Hélène, forestier près de Mouila. La piste est très agréable et on est pratiquement seuls. On roule dans la savane, où malheureusement, on ne voit plus d'animaux. On arrive dans une splendide concession : on ne s'attendait pas à ça en pleine brousse ! La maison sur pilotis, en bois rouge de la région, ressemble à un chalet de montagne. Nous sommes super bien accueillis et le forestier nous montre nos chambres : une seule aurait suffi mais il insiste. Je découvre alors une pièce incroyable ! Grande et bien agencée avec un lit à baldaquin et une moustiquaire. Le soir, pendant le repas, il nous racontera ses expériences sur son exploitation, les bons côtés mais aussi les surprises et les pannes du groupe électrogène et des engins : la maintenance des machines est vraiment un problème qu'il faudra régler.

- Demain matin, je vous emmène voir l'abattage des arbres, j'en ai choisi deux pour vous un okoumé et un fromager et on les suivra jusqu'à la scierie.

- Ok, mais comment s'habille-t-on ?

- Moi, j'y vais en short et en chemisette mais je vous recommande de mettre des pantalons longs et des chemises à manches longues.

C'est super ! On découvre la forêt primaire d'une région différente et l'arbre qu'ils vont abattre fait bien un mètre et demi de diamètre et quarante mètres de haut. Les ouvriers ont déjà dégagé les alentours. Avec une très grosse tronçonneuse, ils font une entaille du coté où l'arbre va tomber sous forme d'un coin d'une cinquantaine de centimètres. Puis, il nous fait reculer pour nous mettre à l'abri, car l'arbre peut reculer de cinq à dix mètres s'il s'appuie sur un autre arbre en tombant. La tronçonneuse attaque l'autre côté. Elle commence à forcer mais il accélère et l'arbre se met à pencher. Encore un coup de tronçonneuse puis il retire la machine et s'éloigne : crac…crac ! Et dans un bruit assourdissant, le sol tremble, la forêt « crie » : l'arbre est par terre. Impressionnant ! Deux ouvriers arrivent avec des tronçonneuses plus petites et coupent toutes les branches le long du tronc. On le mesure au décamètre et le forestier le fait couper à une longueur de trente mètres. Un débardeur (gros tracteur articulé au milieu muni de griffes) vient chercher la grume et l'emmène à la scierie. Nous le suivons à pied. Le forestier, qui a repéré Fred en train de se gratter, nous demande de ne pas nous gratter car les petites piqûres que l'on a sur les bras sont des piqûres de « fourous », petits moustiques de la forêt.

« Si vous vous grattez, vous allez produire une infection du sang qui peut se transformer en dengue. » Il sort de sa poche deux petits citrons verts qu'il coupe en deux, et nous dit de nous frotter avec : aie !!! aie !!! ça pique, ça brûle même ! *« Oui, mais c'est la seule solution, je vous avais dit de mettre des manches longues !».* On s'exécute et tout rentre dans l'ordre. Arrivés dans une clairière, un nuage de petites mouches s'abat sur nous, il nous lance alors : *« Ça ne pique pas mais attention elles cherchent à rentrer partout, dans le nez, les oreilles et les yeux ! »* C'est très désagréable ! Le forestier cueille deux petites branches avec des feuilles et les agite devant lui comme un éventail pour chasser ces « mout-mout », petites abeilles noires qui ne piquent pas. Nous faisons de même mais on se croirait dans un autre monde. On arrive à la scierie, bien après le débardeur qui a déjà déposé la grume.

Après un bon repas à base de feuilles de manioc et de viande de brousse, servi sur la terrasse de la maison, nous prenons congé et regagnons la route, direction Ndendé. Si nous avons le temps, nous irons à Mayumba. La piste sur les plateaux est magnifique, savane, forêts galeries avec des nuances aux couleurs surprenantes : c'est beau, il manque seulement des girafes, des buffles et des éléphants…. Et ce serait le paradis.

On replonge dans la forêt, plus sombre, où les villages presque identiques se suivent. On roule doucement pour ne pas écraser de poule et éviter les palabres, énorme perte de temps. A Ndendé, on refait le plein (essence et bière) et continuons jusqu'à Mayumba pour ne pas passer la nuit dans la forêt. Là, on y est, mais vite, il faut prendre le dernier bac pour traverser la lagune. Celui-ci est parti mais à la vue des « blancs qui vont payer », il fait demi-tour et nous montons. Finalement tout le monde est content. Nous roulons maintenant sur une bande de terre entre lagune et mer. C'est génial, l'endroit est paradisiaque, sauvage et naturel. On nous demande où on va car plus loin il n'y a rien, pas de village ni hôtel. On campera sur la plage mais à condition de s'éloigner un peu du village pour éviter les visites. Ainsi, nous roulons un quart d'heure et trouvons un endroit sympa, dans la savane, proche de la plage et de la mer et à l'abri du vent. On sort la tente, les glacières et on se prépare un repas avec des boîtes de conserve. Le repas fini, on prend les lampes torches et on va faire un tour sur la plage : des milliers de crabes de couleur blanchâtre, presque transparents s'enfuient devant nous puis ressortent aussitôt passés. En dehors du clapotis des vagues, c'est le calme complet, la nature s'est endormie et nous allons en faire autant.

Le lendemain matin, nous descendons en 4X4 le long de la lagune. Au bout d'une vingtaine de kilomètres, nous arrivons sur un rideau de végétation impénétrable fait d'arbustes et de lianes. On cherche un passage avec la matchette…impossible ! Tant pis, on fait alors demi-tour pour revenir au camp. On profite d'un moment de repos et de baignade et on essaie d'attraper quelques gros crabes pour le dîner, que l'on plonge dans l'eau bouillante. Ils sont pleins d'eau, nous n'aurons finalement rien à nous mettre sous la dent ! On se contentera de pâtes, de pâté et de sardines.

Au réveil, le ciel est couvert, gris, triste et le paysage fabuleux s'est évaporé. On retourne au bac et nous traversons la lagune pour prendre la route de Mouila. A l'épicerie du coin, il n'y a rien à se mettre sous la dent à part des sardines, du riz et de la bière chaude ! Même pas d'eau minérale ! Il faudra attendre d'être à Ndendé pour acheter du pain, de l'eau en bouteille, des bananes et des ananas. On sort de la forêt et on parcourt la savane alors que le temps est gris. Ainsi, nous roulons et avalons les Kilomètres jusqu'à Mouila. A une station-service, on demande la route pour aller à la mission catholique Saint Jean, à côté des chutes de la rivière Ngounié, affluent de l'Ogooué : « *C'est facile, à trente kilomètres après le village d'Elonga, vous trouverez la piste à droite.* » Ok, on reprend la grande piste, on traverse le village et trouvons le seul embranchement à droite qui nous mène à la mission où nous arrivons juste avant la nuit. La mission est là, construite en briques rouges devenues noires avec l'humidité, une grande bâtisse qui sert de logement à côté de laquelle s'impose une église au milieu de la clairière. La première chose que je remarque en sortant de voiture et en regardant les dernières lueurs du jour, ce sont ces petits nuages de minuscules insectes : des moustiques ou des fourous ? Le Père vient nous accueillir avec gentillesse. C'est une personne âgée et fatiguée, mais refusant de partir d'ici, les terres où il a passé la moitié de sa vie. La mission étant trop éloignée de la ville qui s'est développée sur la grande piste, a été abandonnée par les paroissiens mais lui n'a pas voulu partir, viscéralement attaché à cet endroit à la beauté remarquable. Nous n'aurons hélas pas l'occasion de voir les chutes d'eau toutes proches. Le pauvre, il n'a même plus l'électricité, car il n'a pas les moyens de faire tourner le groupe électrogène. Il s'éclaire à la bougie comme dans les villages d'ici. On entre dans la salle à manger qui sert de cuisine et de chambre, la salle pouvait accueillir au moins une vingtaine de personnes (à la bonne époque). Nous partageons volontiers les trois boîtes de conserve ainsi que la bière. La chaleur humide à l'intérieur est pesante ; son lit, avec une vieille moustiquaire, est dans le coin de la pièce. Il tient à nous faire visiter « son église » avant la nuit. Le bâtiment aux murs encore en bon état devait pouvoir accueillir une centaine de personnes mais aujourd'hui un grand trou dans le toit laisse entrer la pluie et les moustiques.

- Où voulez-vous mettre votre tente ? dans l'église ?

- Non c'est trop humide, il vaut mieux dehors !

- Faites très attention, car ici les moustiques et les fourous sont très méchants !

On monte la tente et tuons une dizaine de moustiques qui sont déjà à l'intérieur. On n'arrive pas à dormir, la chaleur est étouffante, il n'y a pas d'air ! On tue encore quelques moustiques, mais par où sont-ils entrés ? A côté de moi je sens Fred qui se gratte ! Impossible de le raisonner ! Une demi-heure plus tard, il se lève brusquement, sort de la tente sans la refermer. J'entends un grand bruit. Je sors et là, je vois Fred qui se relève et se jette sur le sol à plat ventre !

- Fred ça va ? ...pas de réponse... Il se lève comme un ressort et de nouveau se jette par terre !

- Fred, répond moi ? Qu'est-ce que tu as ? Je lui donne deux cachets d'aspirine. Le Père, qui ne dormait pas, a vu les lumières de nos torches et arrive. Visiblement, il a compris ce qui se passe et me dit tout haut :

- Je crois qu'il vaut mieux que vous partiez pour aller voir un médecin ! Cela doit être la dengue ! Mer.... Me dis-je !

- Donne lui ces deux cachets de nivaquine et partez à l'hôpital de Lambaréné, ils sauront quoi faire ! J'hésite, mais que faire ? ...Il a peut-être raison !

- Je le surveille pendant que vous rangez.

Je plie tout, range la voiture, et nous voilà partis mais, je ne fais même pas dix mètres que Fred ouvre la porte, saute par terre et se jette à nouveau sur le sol ! Je m'arrête, fais le tour de la voiture tandis que Fred bondit et se rejette par terre ! Le Père est déjà là et me dit :

- C'est bien la dengue ! alors tu n'as pas le choix ! tu dois l'attacher sur son siège, sinon il va ressauter !

- Quoi ? L'attacher ?!

- Malheureusement, petit, tu n'as pas le choix, crois-moi !

On fait monter Fred et l'attachons avec la corde de remorquage. Il hurle ! Le Père lui donne un cachet et me dit : « *Dans cinq minutes, il va dormir ! Mais ne perds pas de temps ! Bon courage et bon voyage !* ». Je pars et roule, roule en jetant un œil sur Fred qui dort sur le siège, saucissonné...Je ne me sens pas très bien de le voir ainsi ! Il faut que j'arrive à tout prix à Lambaréné. Je dépasse Fougamou et par chance je peux rouler car je suis seul sur la piste.

Que c'est long ! Mais ouf, au loin je vois les lumières de la ville. Vite, à l'hôpital ! J'entre dans la cour et klaxonne deux fois. Un infirmier arrive :

- On allait tout fermer !

- Oui, Ok mais ce n'est pas le moment ! Je lui dis d'où on vient et il réagit immédiatement :

- Un brancard !

Il connaît bien le problème et ce n'est pas la première fois qu'il voit cela. On détache Fred et l'infirmier rigole :

- Il est bien saucissonné ! Qui vous a dit de l'attacher comme cela ?

- Le père de la mission catholique à coté de Mouila !

- Ce n'est pas la première fois qu'il nous envoie quelqu'un !

- C'est bon, on va s'occuper de lui ! Revenez demain.

- J'attends un peu !

- Revenez demain, on verra ce que l'on peut faire et si vous pourrez repartir !

Cinq minutes plus tard, il est sous perfusion. Ouf ! Je vais dormir à la mission des sœurs, inquiètes du sort de Fred : « *Restez ici demain, il aura besoin d'une bonne journée de perfusion et de repos avant de reprendre la route.* »

Le lendemain soir, à dix-sept heures, l'infirmier me rassure : « *Tout va bien et demain matin vous pourrez partir* » Ouf ! Le lendemain matin, j'arrive à l'hôpital à huit heures trente, Fred est debout et m'attend. « *Qu'est-ce que je fais là ?!* » …. Il ne se souvient de rien ! On rentre à l'hôtel à Libreville où Fred retrouve sa chambre et un peu de repos. Moi je descends alors au bord de la piscine pour me détendre. Quelle aventure !

Les gorilles au Rwanda

Pour les vacances de Pâques, nous décidons d'aller voir les gorilles de Dian Fossey. Les transports aériens pour traverser l'Afrique ne sont pas toujours commodes et les compagnies pas très sûres, vous allez comprendre pourquoi. Nous trouvons un vol pour Brazzaville avec Air Gabon, puis un vol pour Bujumbura au Burundi avec Air Zaïre puis nous louerons une voiture et passerons au Rwanda. Pour le visa, difficile à obtenir, on se débrouillera à la frontière.

Tronçon Libreville – Brazzaville : Aucun problème, on change de compagnie pour faire Brazza- Bujumbura. Le ciel est dégagé et on a une vue superbe sur le Zaïre que l'on traverse. On passe au-dessus du lac Tanganyika mais l'avion ne descend pas alors que le Burundi se trouve sur le bord du lac. J'interroge l'hôtesse : « *Ce n'est pas le lac Tanganyika que l'on survole ?* » Elle ne sait pas et s'en va vers le cockpit questionner le commandant de bord. Elle attend bien cinq minutes avant que ce dernier ouvre la porte :

- *Que voulez-vous ?*

- *Un passager demande si c'est le lac Tanganyika ?*

- *Quoi ?!*

Toujours pas de réponse. Par contre, l'avion se met à descendre et on passe largement au-dessus de Bujumbura ! Je fais de nouveau signe à l'hôtesse qui revient voir le commandant de bord puis me dit :

- *On va se poser à Kigali et on reviendra à Bujumbura après !* A dit le commandant.

- *Mais on n'a pas de visa pour le Rwanda !*

- *Moi je n'y peux rien, voyez si vous voulez avec le commandant.*

L'avion descend à fond la caisse et on nous prévient d'attacher nos ceintures pour un atterrissage à Kigali. Ça grogne dans l'avion ! Peut-être va-t-on rester à bord ? On se pose, attendus par l'armée qui entoure l'appareil : automitrailleuse, chars et camions remplis de soldats ! Tout ce beau monde escorte notre avion jusqu'au parking. Le temps n'est pas à la rigolade.

- *Descendez ! Les mains en l'air !*

- Mais ce n'est pas notre destination !!!

- Descendez on vous dit !

Devant les mitraillettes et pas rassurés du tout, on s'exécute : en bas de l'avion, on nous confisque nos passeports ! « *Qui êtes-vous ? Qu'est-ce que vous venez faire ici au Rwanda ?* » J'essaie de leur expliquer que nous devions nous arrêter au Burundi, mais ils ne veulent rien savoir, alors je demande si on peut prévenir l'Ambassade de France. « *Comment ?!* » visiblement cela les a énervés. Tout le monde court autour de l'avion, on nous sépare en petits groupes de cinq à six personnes. Ils sont surexcités et sans d'autre explication, on nous fait monter dans un camion militaire sous la surveillance d'un soldat armé en direction de la prison. « *Quoi ?! -On ne discute pas !* » On arrive dans la ville. L'endroit est sale, lugubre, il y a une petite cour avec un arbre au milieu et une vingtaine de cellules aux portes en bois déglinguées avec des cadenas. « *Vous, là-bas ! Dans la dernière cellule avant le bureau ! Et sans discuter !*» Je me retrouve dans une boite de 3x2 mètres, sans ouverture, avec une chaise déglinguée. C'est sale et humide et nous ne sommes pas les premiers : les cafards sont déjà bien installés. J'en écrase trois ou quatre puis abandonne, ça sort de partout ! Ils n'ont pas fermé la porte à clé, elle est seulement poussée, tant mieux, il y a un peu d'air. Une personne en civil arrive avec un militaire et me dit :

- On a prévenu l'Ambassade de France, mais ils ne viendront que demain matin.

- Et en attendant ?

- Vous n'avez pas le choix !

Bonjour la situation ! La nuit tombe…On va tourner, virer, comme des lions en cage. ! Les heures passent, mais pas assez vite et cela n'en finit pas… c'est long … trop long ! Puis, le cri d'un mouton qu'on égorge nous fait sursauter ! Je pousse la porte et vois deux militaires près d'un robinet en train de faire la peau à cette pauvre bête. Un jeune militaire vient et nous montre le robinet pour se laver. En s'approchant, il y a du sang partout…bon, on fera sans aujourd'hui ! Un militaire est en train de dépouiller et de vider le mouton sous l'arbre de la cour :

- C'est pour le repas de midi ! me dit le jeune.

- J'espère qu'on on ne sera plus là !

Une dizaine de portes sont maintenant ouvertes et les gens qui étaient dans l'avion se regardent et semblent inquiets. On sent un désarroi immense sur leur visage. Les militaires sont beaucoup plus cool ce matin mais personne ne s'aventure vers le robinet : Et s'ils nous prenaient pour des moutons ? A huit heures, la cloche sonne. Tous les militaires s'activent et vérifient leur tenue. Tiens, il va se passer quelque chose ? Cinq minutes plus tard, on nous appelle. Nous traversons la cour sous le regard des autres passagers qui semblent nous dire : « *Vous n'allez pas nous laisser là ?!* », nous leur faisons un signe de la main et de la tête pour les rassurer et avançons. Le premier conseiller de l'Ambassade de France est là et dans sa main, il tient nos passeports. Ouf ! C'est déjà bon signe ! Il nous fait monter dans son gros 4X4 et nous conduit à l'Ambassade. Dans la voiture, il nous explique que l'avion du président a été abattu, ce qui explique cela !

- *Oui, mais on devait se poser à Bujumbura, or l'avion a loupé l'escale ! C'est la faute du commandant de bord, pas la nôtre !* Il rigole et ajoute :
- *Vous savez comment on appelle la compagnie Air Zaïre ?*
- *Non …*
- *Air peut-être ! Car une fois sur deux, on n'arrive jamais à la bonne destination ! Le commandant de bord et le pilote ont dû s'endormir…*
- *Maintenant, je comprends mieux ce qui s'est passé dans l'avion !*
- *L'ambassade va s'occuper des visas et récupérer vos valises. Étant donnée la situation, on vous conseille de ne pas rester à Kigali, car l'ambiance est plutôt tendue.*
- *Mais peut-on aller dans le parc du Virunga pour voir les gorilles ?*
- *Je vais appeler un taxi qui vous y emmènera.*
- *Et les autres, à la prison ? Ne les oubliez pas !*
- *Ça, ce n'est pas votre problème !*

Je n'insiste pas ! On prend le taxi en se faisant tout petits car il y a des militaires partout. On arrive dans le parc où on prend un petit chalet. Aujourd'hui, on va récupérer un peu et demain on ira voir nos petits « frères » les gorilles. Je respire l'air frais, j'ai du mal à dormir mais on est au calme et il fait très bon. On prend rendez-vous pour le lendemain matin avec le guide de Dian Fossey.

Après une nuit de repos mais sans sommeil, on est d'attaque à huit heures trente pour démarrer une marche de deux heures sur un bon sentier avant d'entrer dans la forêt de bambou. La forêt est dense et le sentier disparaît. On marche, on écoute, on observe… Quand, sur ma droite je vois une ombre bouger ! J'appelle le guide qui me dit : « *Non, ils sont plus loin !* » Je refuse d'avancer car je suis sûr qu'il y a une présence, je la sens ! Le guide revient sur ses pas et s'aventure dans les bambous : ils sont effectivement là. Le guide revient nous chercher, nous avançons à pas de loup au milieu des fougères et des bambous. Devant nos yeux, une famille de gorilles avec un énorme mâle au dos argenté semble nous ignorer tout en gardant un œil sur nos moindres mouvements. On s'assoie au milieu de la végétation : la femelle mange avec délice le cœur des tiges de fougères qu'elle épluche comme on épluche une banane. Les petits jouent et s'approchent de nous avec la naïveté de leur jeunesse. Ils nous montent même sur le dos et l'un d'entre eux veut me prendre l'appareil photo ! Ce n'est pas le moment de le lâcher. Je veille à ne pas faire de geste brusque. On est aux anges, que c'est beau ! On a vraiment envie de figer ce moment extraordinaire, mais mon appareil photo ne fonctionne pas : il y a de la buée entre l'objectif et la lentille et ce n'est pas le moment de bricoler ! Tant pis, le plaisir des yeux passera avant tout. Nous passons plus d'une heure en compagnie des gorilles. C'est fascinant, nous n'avons pas envie de partir. Quel spectacle ! C'est magnifique et l'émotion est intense. Le guide nous dit qu'il est temps de les laisser à leurs occupations car il faut que les petits se nourrissent, alors qu'avec nous ils ne font que jouer. Zut… Alors. Dans un regret, nous les laissons et retournons au camp avec le sourire aux dents !

« *Demain, peut-on monter sur un des volcans ? - Oui, bien sûr nous, dit le guide, cela me fera du travail supplémentaire.* »

Après une bonne nuit, à nouveau, nous suivons le guide pour monter au volcan. Le chemin est bien tracé mais il monte à pic et mon palpitant a du mal à suivre durant les trois heures de montée. C'est splendide, les arbres sont couverts de lichen, de filaments végétaux, de plantes épiphytes et plus on monte, plus on se croirait sur une autre planète ou au cinéma au milieu des fougères arborescentes. En arrivant en haut, on se fait une petite course pour savoir qui va être le premier. Le paysage est fabuleux, on découvre d'autres volcans, des lacs, des prairies et des forêts. « *De l'autre côté, c'est l'Ouganda* » nous dit le guide. Magnifique. « *C'est la petite Suisse, comme l'appelle les Français.* » La descente fut beaucoup plus facile et rapide et en arrivant au camp, le responsable nous prévient qu'il a reçu un coup de fil de l'Ambassade de France qui nous conseille vivement de passer la frontière et d'aller au Burundi car les relations deviennent de plus en plus tendues avec les Français. On demande alors un taxi pour le lendemain afin de rejoindre la frontière. Mais avant, un peu de repos, car on ne sait jamais à l'avance ce qui nous attend ensuite !

A huit heures, le taxi est là et on avale rapidement notre petit déj, il vaut mieux ne pas traîner. On arrive à Ngoma où le taxi s'arrête, n'ayant pas le droit d'aller au-delà. Nous prenons un minibus collectif vers la frontière : nous ne sommes pas très nombreux et on ressent une certaine tension. A la frontière : vérification des passeports, des papiers et ... on a droit à quelques questions : « *D'où venez-vous ? Où allez-vous ? Qu'est-ce que vous faites dans la vie au Gabon ?* » Rien de bien méchant et tout cela dans le plus grand calme. On passe ainsi la frontière et nous prenons un autre minibus pour Bujumbura. On traverse d'incroyables forêts de sapins où des gens en tenue fluorescente portent des paniers de champignons. Des cèpes ? Est-ce possible ? Il faudra voir cela de plus près… Nous arrivons à l'hôtel où nous avons réservé : « *Tiens, vous voilà ?* » Ils étaient au courant de notre arrivée et ne s'étaient pas inquiétés. Ici, tout est calme et nous allons pouvoir faire le tour tranquillement. On loue une Mercedes et comme des pachas, on remonte dans la montagne, on achète des fraises et un rouleau de tabac frais qui embaume la voiture (mais me fait tourner la tête, moi qui ne fume pas). Les femmes sont très élégantes avec leurs grandes tuniques aux couleurs fluo, jaune, rouge, bleu qui tranchent avec la couleur de la forêt et de la savane. On achète des cèpes et on s'arrête dans un boui-boui pour les faire cuire. Tout le monde nous regarde avec de grands yeux quand on les mange : « *C'est bon ? Nous on ne les mange pas !* ».

Nous resterons trois jours à aller à droite et à gauche le long du lac, pas très sereins à l'idée de remonter dans l'engin volant « Air peut-être » pour retourner à Brazzaville. Notre précédente mésaventure nous trotte encore dans la tête mais nous n'avons pas d'autre choix…il n'y a aucune autre compagnie. Finalement, tout se passera bien, de toute façon, c'est le terminus ! Le retour à Libreville se fera sans encombre. On apprend beaucoup en voyageant !

Les compagnies aériennes locales
dans les années 80

Dans les années 1980 – 90, il fallait s'accrocher et ne pas avoir peur pour prendre les avions des compagnies africaines : il ne se passait pas un mois sans qu'il n'y ait des imprévus. Heureusement, la plupart sans gravité. Un jour, je prends l'avion d'Air Gabon pour revenir de Franceville vers Libreville. Le pilote s'est endormi et on a loupé l'escale de Libreville pour atterrir à Port Gentil. Cela m'est arrivé deux fois ! La deuxième fois, la porte du cockpit est restée ouverte ; voilà, en résumé, la conversation que nous avons entendue :

- Allo, la tour, quelle piste dois-je prendre ?

- Il n'y a qu'une piste et Est-Ouest.

- Depuis quand la piste à Libreville a cette orientation ?

- Parce-que vous êtes à Port Gentil et non à Libreville !

- Ah bon ?! Ok, on se pose.

Je peux vous assurer que l'on a serré les accoudoirs ! Voici une autre situation mémorable lors d'un vol sur Douala au Cameroun avec la compagnie Cameroun Air Line. On est une quinzaine de « blancs » à vouloir visiter le nord Cameroun et surtout la réserve de Waza, très réputée à l'époque. On prend donc l'avion à Libreville. Je suis assis sur la première rangée à côté de la femme d'un des commandants d'Air France et les autres sont répartis dans l'avion. La femme assise à côté de moi n'est pas du tout rassurée et me pose plein de questions : « *Avez-vous déjà pris l'avion de Cameroun Air line ? Vous voyagez souvent sur l'Afrique ?* » L'avion démarre et va se placer en bout de piste pour le décollage : ça y est, on roule…roule…puis tout d'un coup, ça se met à trembler de partout, on sent qu'on n'est plus sur la piste ! ça tangue et les gens crient ! La femme m'écrase le bras ! On est sortis de la piste !!! Le pilote freine brusquement, l'avion bascule puis retombe sur ses roues avant de s'immobiliser. Panique à bord, ça hurle partout et les hôtesses sont aussi affolées que les passagers ! Puis un grand silence interminable apparaît dans l'avion et la femme finit par me lâcher le bras. Les hôtesses se remettent doucement de leurs frayeurs. Pas un mot du commandant de bord !

A présent, les réacteurs sont éteints, on essuie quelques secousses et de nouveau l'avion bouge, tracté par un pousseur qui le ramène au parking de l'aéroport. C'est alors que le commandant de bord prend le micro et nous annonce : « *Tout va bien ! Restez à vos places !* » Cela ne fait que déclencher des hurlements dans la cabine ! Timidement, ma voisine demande au commandant : « *Moi, je veux descendre.* » Et d'autres voix crient la même requête. Comme le commandant a du mal à se faire entendre, la porte de l'avion s'ouvre et le responsable de l'aéroport prend la parole : « *Restez à vos places ! Vous avez passé le contrôle des frontières donc pour nous vous êtes déjà partis et vous devez rester à bord ! Nous allons faire les vérifications nécessaires avec les experts Veritas !* " Dans l'avion, ça grogne, ça crie, mais finalement tout le monde reste à sa place et attend. Par le hublot, j'aperçois l'expert du Bureau Veritas que je connais très bien et qui me fait signe du pouce que tout va bien se passer en me montrant le camion-citerne qui s'approche de l'aile droite de l'avion. Visiblement, le plein de l'aile droite avait été oublié ! Je demande si je peux parler à l'expert : « *Niet, mais ne vous inquiétez pas tout va bien !* » Le plein de kérosène étant fait sur l'aile droite, la porte se ferme et on nous annonce qu'on va pouvoir décoller en toute sécurité. Humm !

L'avion se met en bout de piste et commence le roulage : Tout le monde se cramponne et la femme m'écrase de nouveau le bras : je ne le sens plus ! On décolle...Ouf ! La tension redescend et les commentaires vont bon train…

Tandis que le sol s'éloigne, l'avion se stabilise à son altitude de croisière. Le commandant, fier dans son uniforme, prend le micro et dit : « *Pour oublier ce petit incident, j'offre le champagne à tout le monde !* » Cela est accueilli avec joie et tout le monde retrouve le sourire, même ma voisine, toujours agrippée à mon bras. Les flûtes sont distribuées et remplies et une fois tout le monde servi, le commandant lève son verre. C'est alors que le pilote sort du cockpit et demande une flûte, que l'hôtesse lui tend. Tout le monde a le verre en l'air quand une grande secousse fait tomber l'avion dans un trou d'air. L'avion est descendu d'une dizaine de mètres (même peut-être vingt ou trente ?) et la porte du cockpit s'est refermée sans personne de l'autre côté pour l'ouvrir. Le pilote est là, trinquant et levant son verre avec nous, et il n'y a personne aux commandes de l'avion !

Entre stupeur et panique devant ce que nous venons de voir, la femme m'arrache de nouveau le bras et crie « *On est foutus* !» Mon regard croise celui du commandant alors qu'il demande aux hôtesses de se positionner devant le couloir pour que les autres passagers ne voient rien. A nous qui sommes devant, il nous dit de ne pas paniquer et que tout va bien se passer. Le pilote attrape le petit marteau en fer fixé derrière la vitre et tape dans la porte. Pan…pan…une fois, deux fois…trois fois… ! Non ! Pas là ! Il faut faire un trou près de la poignée pour avoir ensuite accès à la poignée intérieure. Pan ! Pan ! Pan ! … Le bruit alerte les autres passagers et le commandant de bord a beau dire : « *C'est rien, ne vous inquiétez pas* !», impossible de calmer la grogne. Tout à coup, on entend un grand crac…. Ça y est le trou est fait et le pilote réussit à ouvrir la porte du cockpit. On revient de loin ! La femme me lâche le bras : « *Pardon* » dit-elle. Le pilote reprend son poste de pilotage. Il peut remercier le pilote automatique, qui a, heureusement, stabilisé l'avion après son passage dans le trou d'air ! La fin du vol est tendue mais on se pose finalement à Douala. Un minibus vient nous chercher pour aller à l'hôtel. Au dîner, les commentaires vont bon train : « *Nous, on ne reprendra pas Cameroun Air Line pour revenir au Gabon !* ».

Le voyage dans le nord du pays est génial. Je retiendrai les fabuleux paysages de Rumsiki et ses « pains de sucre » plantés dans la vallée qui borde le Nigeria, le village de Koza avec ses cases rondes aux toits pointus accrochés à la montagne, le village de Oudjila avec son chef et ses vingt-cinq femmes qui dansent pour Monsieur… Et enfin LA réserve de Waza, qui se régulait toute seule à l'époque. Concernant le sorcier aux crabes qui prédit l'avenir : il n'a pas su nous dire si le vol retour serait bon !

Le jour J, la femme qui était à côté de moi à l'aller n'était pas présente sur le vol de la Cameroun Air Line et le vol se déroula sans encombre mais sans champagne !

Région de l'Est :
Les ponts de liane des plateaux Batéké

A l'est du pays, la région de Franceville, province de l'ancien Président Omar Bongo, regorge de curiosités et de sites naturels inconnus du tourisme. Seule la construction du barrage de Poubara, destiné à alimenter la ville en électricité, a permis de faire découvrir et mettre en valeur le pont de lianes du même nom.

Construit en dessous de la centrale, sept à huit mètres au-dessus de l'eau et appuyé sur deux gros arbres de chaque côté, ce pont est toujours utilisé par les locaux pour ramener les régimes de bananes et autres produits de la forêt. Il est bien entretenu et mérite un détour pour expérimenter sa traversée qui demande une technique toute particulière. En effet, les ponts de lianes sont en général constitués de trois grosses lianes centrales qui permettent de poser les pieds. Deux faisceaux de lianes latéraux assurent la main courante et servent de point d'accroche aux suspentes qui relient le pont aux arbres. Ensuite, des lianes forment le berceau du pont en une structure toujours très jolie à observer. Ces ponts sont très flexibles et se déforment verticalement sous le poids des passagers. Si vous ne marchez pas dans l'axe, vous vous retrouvez pris dans un mouvement de balancier latéral, ce qui est assez désagréable. A Poubara, on a remplacé ces trois lianes par un platelage en planches afin de ne pas donner de sueurs froides aux touristes. Au premier passage, on pense qu'en mettant les pieds l'un après l'autre de chaque côté, on sera plus stable. Eh bien non ! En arrivant au milieu du pont, l'ouvrage oscillera de droite à gauche, et vous aurez beau serrer les mains courantes, cela ne changera rien. La technique consiste à mettre les pieds les uns derrière les autres comme le font les mannequins dans les défilés.

Moi, je souhaite voir un pont de lianes dans son milieu naturel et utilisé par les locaux. Aussi, en prenant contact avec les responsables de l'usine qui produit du sucre à partir de la canne à sucre, je finis par glaner des noms de village où je pourrais voir et tester les traversées sur ces ponts utilisés par les locaux.

Le week-end suivant, me voilà parti avec Christine sur les plateaux Batéké, à la recherche du premier village indiqué. Même si je suis en possession des cartes IGN, trouver le bon chemin sans panneau ni GPS dans les années 80 et se faire comprendre en Français en pleine brousse relève du défi. Heureusement, nous sommes bien équipés et embarquons avec nous : tente, matelas et une glacière contenant « bouffe et boissons ». En baragouinant et en gesticulant avec les locaux dans les villages, on finit par trouver un hameau près d'une rivière à côté du village de Ngouni. La présence de la rivière est déjà un bon point : il est trop tard et nous décidons de nous éloigner sur les hauteurs du plateau pour planter la tente et y passer la nuit. Après le repas, nous éteignons la lampe camping gaz pour savourer le silence, le calme absolu et les étoiles au-dessus de nous. Allongés sur les matelas dehors, on profite de cet instant un peu magique, dans cet autre monde où l'on se surprend à rêver : Christine cherche les constellations pour s'orienter : Orion ? Cassiopée ? On finit même par s'endormir à la belle étoile. Ici, il n'y a pas de moustique et la tente est là au cas où l'orage nous surprendrait.

On se réveille avec les premières lueurs du jour et après une petite marche autour du camp, je me mets à imaginer girafes, buffles et éléphants évoluer dans cette immensité : cela devait être le paradis autrefois ! Malheureusement, il n'y a plus rien, sauf quelques outardes (autruches miniatures) et quelques antilopes rousses. Je reviens et prépare le petit déj. Après une toilette de « chat », nous rangeons les affaires dans la Suzuki et nous voilà d'attaque pour aller au village. Nous sommes accueillis par les enfants : les adultes restant devant les cases. On descend de la voiture, Christine leur tend la main et essaie de les amuser. Le chef du village s'avance vers moi et je lui demande s'il y a un pont pour traverser la rivière. Il me propose une pirogue ! Essayons autrement…je lui fais signe avec mes doigts que nous voulons marcher. Il se retourne alors vers un jeune (je suppose à cet instant qu'il s'agit de l'un de ses fils) et me fait signe de le suivre. Christine leur emboite le pas et nous remontons le long de la rivière par un petit sentier, bien fréquenté. Au bout de trois cents mètres, nous apercevons un gros arbre puis un morceau de pont dissimulé entre la végétation. Waouh, on y est ! Le sentier arrive devant une échelle de rondins qui permet de monter sur la plateforme construite pour accéder au pont :

l'édifice est magnifique dans cet écrin naturel. Visiblement, les habitants l'utilisent tous les jours pour aller à la chasse ou au champ. Je demande si nous pouvons passer, il hoche la tête et me fait signe de le suivre en précisant que l'on doit s'engager un par un. Le voilà qui traverse presque en courant et je peux vous assurer que le pont n'a pas bougé latéralement. J'ai bien observé ses pieds sur la liane centrale ; je m'engage sans hésiter en essayant de faire la même chose. Ce n'est pas évident, mais je me débrouille bien ! Quand vous vous arrêtez au milieu, quelle sensation étrange de sentir ses appuis bouger, juste au-dessus de l'eau qui court à moins d'un mètre. Je finis la traversée et laisse la place à Christine qui traverse sans aucune difficulté. Arrivés sur la plateforme de l'autre côté, le cadre est splendide, sauvage et naturel : c'est magnifique et ce paysage mérite une photo. Ça, c'est de la construction ! On n'a même pas envie d'aller plus loin alors que le jeune veut déjà nous emmener ailleurs. On repasse, on s'arrête mais on garde toujours les mains sur les lianes alors que le jeune ne les touche même pas. Nous laissons alors la place à une vieille dame qui porte un régime de bananes sur la tête. Elle traverse tranquillement comme si c'était un pont en dur !

Nous sommes ébahis et heureux d'avoir enfin fait cette découverte. On resterait bien profiter de la douce lumière du soir et du coucher de soleil. A cet instant, on se promet de revenir. On repasse au village pour remercier le chef et Christine en profite pour distribuer des bonbons. La prochaine fois, nous reviendrons avec des cahiers et des crayons. En remontant sur le plateau, on a encore une heure devant nous donc on décide de suivre la piste direction plein Nord. On découvre un plateau couvert d'une savane aux grandes herbes qui ondulent avec le vent et où des termitières cathédrales nous dominent du haut de leurs trois mètres. La piste passe entre deux termitières, c'est l'endroit parfait pour faire une photo ! On suit le bord du plateau : en bas, la forêt galerie d'un vert intense crée un paysage magnifique et attachant ; au loin on aperçoit un grand canyon boisé et peut-être même la frontière avec le Congo. Le temps a filé et l'on doit reprendre la route mais je repère l'emplacement et le kilométrage au compteur pour une prochaine expédition. Nous rentrons à Franceville où je m'empresse de reporter les points sur ma carte et dans mon journal de bord.

Un mois s'est écoulé lorsqu'une personne du rectorat me dit qu'il connaît un village à une centaine de kilomètres d'ici, où il y a un grand pont de lianes et qu'il pourra me donner tous les renseignements pour y aller. Je repère l'endroit sur ma carte IGN : route d'Oyem. Comme la distance est assez grande, je préfère en parler à mon copain Bernard, alors ravi de m'accompagner. Sur ces routes peu fréquentées hormis les jours de marché, il vaut mieux partir à deux voitures au cas où...

Quinze jours plus tard et renseignements en poche, nous « levons l'ancre » avec Bernard, sa femme et sa fille, pour leur première sortie en brousse en Suzuki. La piste de latérite rouge est magnifique et la lumière du matin souligne le contraste entre le vert des arbres, le beige de la savane et le rouge de la latérite. Tiens, ici, dans le champ, il y a des termitières champignons, véritables maisons de Schtroumpfs. Là, un calao avec son gros bec jaune, et plus loin des pintades sauvages traversent la piste les unes derrière les autres. Nous arrivons à l'embranchement d'Okandja par une petite piste qui part sur la droite au kilométrage indiqué sur mes notes. Il y a juste le passage pour la voiture mais en 4X4, on passe facilement. Attention aux branches par les fenêtres ouvertes ! Une vingtaine de minutes plus tard, la piste descend vers une forêt galerie et on aperçoit rapidement les reflets de l'eau de la rivière signe qu'on est sur la bonne piste ! On arrive rapidement aux premières cases en terre avec leur toit de chaume. Aussitôt, les enfants entendent les voitures et arrivent en premier. Nous stoppons les véhicules et j'utilise le même rituel pour demander où se trouve le pont de lianes, ce qui fait bien rire les femmes et leurs enfants. Un vieux, qui semble avoir compris, nous montre le chemin et nous remontons le long de la rivière sur plusieurs centaines de mètres. Je repère bien le coin, car nous pourrons passer en voiture. La rivière est large et peu profonde mais le courant est important. Il y a des îles couvertes d'arbres.

Nous arrivons à une clairière et là waouh ! Quel pont ! Sur la partie centrale de la rivière, il passe à seulement deux mètres de la surface de l'eau dans une grande courbure. Ce pont est sûrement très vieux et s'est affaissé. On avance et on découvre qu'en fait, qu'il y a deux ponts : un petit qui va de la berge où nous sommes à l'île de cinq à six mètres de long et un plus grand d'une trentaine de mètres. Le premier est en bon état et nous le traversons tous les uns après les autres. Pour le grand, le vieux nous fait comprendre que ce n'est pas pour nous en nous désignant des lianes coupées. Je finis par comprendre qu'eux l'utilisent toujours et ça serait dommage de ne pas essayer ! Je regarde le courant, les abords de la rivière et je demande au vieux si je peux y aller. Il n'a pas l'air convaincu ! En vrai « mule du Poitou », je ne vais pas m'arrêter là et je quitte ma chemise et reste en short et en baskets, bien décidé à y aller ! Tout le monde essaie de m'en dissuader.

J'avance avec précaution : on sent que la structure est vieille et qu'elle manque de rigidité, mais elle tient. Une des grandes suspentes du côté opposé est cassée ce qui explique l'affaissement du pont. Je progresse pas à pas. Alors que j'ai presque les pieds dans l'eau, tout le monde crie et me dit de revenir ! Je continue et arrivé au milieu de la rivière, la structure du pont se tord et penche et je me retrouve dans une situation très inconfortable. Malgré le bruit du courant, j'entends les cris depuis la berge ! Tout à coup, je sens et entends des bruits dans les lianes, il vaut mieux ne pas insister ! Alors à contrecœur je rebrousse chemin, je n'étais pas loin du but ! Ce sera pour une autre fois… Je reviens doucement en transpirant à grosses gouttes alors que tout le monde est soulagé. Je remets mes vêtements et on rejoint la terre ferme quand le vieux nous fait comprendre qu'ils vont refaire le pont de lianes à neuf. Quoi ?! Quand ?! Cela m'intéresse encore plus d'assister à la construction. Quelle expérience originale et surprenante, voire extraordinaire ! On oublie la traversée et je m'intéresse à prendre rendez-vous pour assister à cette construction. Le vieux nous fait comprendre qu'ils cherchent des grandes lianes dans la forêt et que cela peut prendre du temps. Il va falloir se débrouiller avec le contact du rectorat pour avoir les informations. On prend congé du vieux qui accepte une bière Régab tandis que les femmes font la distribution de bonbons, de cahiers et de crayons aux enfants du village. Nous reprenons la piste en notant les points de repère ; d'ailleurs à l'aller, j'ai aperçu une clairière avec de grands arbres, parfaite pour un pique-nique. Nous nous y installons, Bernard et sa femme ont tout préparé. On allume un feu pour faire cuire les côtes de bœuf. C'est dur l'Afrique ! Champagne à l'apéro, Bordeaux pour la viande ! On est mieux qu'au restau ! Après ce pique-nique bien arrosé, le retour n'a pas été triste, aussi j'ai dit à Bernard : « *mode 4X4 obligatoire !* » pour rattraper les embardées et les glissages sur la latérite. Encore une belle sortie qui nous a permis d'oublier les tracasseries de la semaine de travail.

Un mois plus tard, j'apprends par la personne du rectorat, que la réparation du pont doit commencer. On prépare l'expédition avec Bernard, toujours partant et on prend même les tentes au cas où il faudrait rester sur place. A sept heures trente, après un bon café chez Bernard, on prend la route d'Okandja et arrivons à la petite piste où je prends un raccourci que j'avais repéré pour arriver directement au pont, sans passer par le village. Les hommes du village sont là avec de grands rouleaux de lianes, certains déjà dans l'eau. Mais en nous voyant (bien qu'on n'ait pas encore sorti nos appareils photo) les hommes se regroupent en cercle, discutent et palabrent intensément. Puis, sans un mot, le chef fait signe de partir au village et le vieux qui nous avait accompagnés s'exécute. Nous nous retrouvons seuls ! Nous nous regardons et restons comme des c… ! Que s'est-il passé ?! Nous n'aurons la réponse que le soir en rentrant boire une bière à la terrasse de l'hôtel du Plateau où un vieux chasseur blanc nous raconte : « *Pour construire un pont sur une rivière en Afrique, il y a tout un rituel à respecter, notamment il y a des sacrifices à faire pour protéger l'ouvrage, et les étrangers ne sont pas les bienvenus car ils pourraient déranger les esprits de la forêt.* » Voilà, c'est clair maintenant, je le saurai pour la prochaine fois !

Eh bien, figurez-vous que trois ans plus tard, à Bamako au Mali, j'ai été confronté à la même situation. Cette fois, je contrôlais les travaux de construction du deuxième pont sur le Niger. Un matin, alors que j'allais vérifier le béton sur la troisième pile du pont, la Police m'en interdit l'accès malgré mon laissez-passer. Inutile d'insister, je fis donc demi-tour. Pendant la nuit, les autorités locales avaient organisé un sacrifice sur la deuxième pile du pont. Sacrifice de quel genre ? Je n'en sais rien. Le lendemain, j'éviterai de m'attarder sur la pile « deux », et remarquerai une grande tache de sang et je ferai ainsi un prélèvement de béton sur la troisième pile. Pratique curieuse alors qu'on était déjà en 1990… Mais revenons à nos sorties sur les plateaux Batéké, sur le premier pont de Diere que nous avions trouvé…

Nous emmenons Bernard et sa famille pendant la petite saison des pluies, quand le paysage est magnifique et la savane verte à perte de vue. On croise des termitières cathédrales et Bernard s'arrête faire des photos. Avec l'orage d'hier soir, le niveau de la rivière est beaucoup monté et le pont n'est plus qu'à cinquante centimètres de l'eau. Le courant est impressionnant, il ne faudrait pas tomber à l'eau. Le pont semble avoir une autre dimension, mais est toujours aussi photogénique. On monte sur la plateforme : c'est encore plus impressionnant. Je me décide à traverser, alors que les autres sont plutôt méfiants. Au début tout va bien, mais arrivé avant le milieu du pont, j'ai déjà les pieds dans l'eau et le courant me pousse. Je me cramponne aux mains courantes et je continue, il faut résister et je suis maintenant penché à quarante-cinq degrés. J'avance en luttant contre le courant : c'est une position inconfortable mais ouf, ça y est, je sors les pieds de l'eau et finis la traversée sain et sauf.

- A toi Bernard !

- Non !!!

Christine se décide et traverse avec les mêmes problèmes, mais avec le sourire. Bernard est « obligé » de suivre et finit par y aller : « *A toi !* » dis Bernard à sa femme. Après un petit moment d'hésitation, elle se lance à son tour. Tout va bien jusqu'au moment où le courant la pousse et elle se retrouve au milieu du pont, tétanisée et paniquée. Impossible de faire demi-tour : elle ne dit pas un mot ! Bernard me regarde : OK, j'ai compris, je traverse à nouveau et vais l'aider à faire demi-tour. C'est très périlleux mais en s'accrochant à moi, elle y arrive et là, je peux vous dire qu'elle n'a pas traîné ! On a bien rigolé ! A deux sur le pont, le courant exerçait sur nous une force importante et personne n'a pensé à prendre une photo de cette situation cocasse mais sa femme s'en souviendra longtemps ! On reprend alors les voitures et partons en direction du canyon que nous avions repéré dans les sorties précédentes. Magnifiques depuis le haut, ces énormes ravines de couleur rouge creusées par la pluie, érigent des formations semblables aux cheminées de fée. Leurs cailloux au sommet se détachent devant la végétation d'un vert éclatant. Nous installons la natte pour le pique-nique et je prépare le feu pour les grillades avec l'aide de Bernard. On prend l'apéro devant ce paysage magnifique : Ricard pour les hommes, vin rosé pour les femmes. Les braises sont prêtes, on sort de belles entrecôtes que l'on dépose sur la grille avant de reprendre nos verres. Tout à coup, bzz…, Bzzzz… une, deux, dix, trente ! des centaines d'abeilles s'abattent sur nous ou plutôt sur la viande qui crépite et en trois minutes on se retrouve dans un nuage bourdonnant.

- Attention à ne pas en tuer une, sinon on est morts !

- Souffle dessus pour les faire partir mais ne les touche pas !

En fait, elles en veulent à la viande posée sur le grill, mais dans la panique elles se posent partout ! « *Prenez ce que vous pouvez sans vous faire piquer et partons !*». On prendra les glacières, les bouteilles mais pas la viande ni la grille. On remonte vite dans les voitures : « *Laissez les portes ouvertes pour les faire sortir !* »

On roulera ainsi sur deux cents mètres. On s'en sort bien, heureusement que l'on n'avait pas commencé à manger ! Un peu plus loin, on décide de s'arrêter sur un plateau en pleine savane. Loin des arbres, il n'y aura pas d'abeille. Cela nous était déjà arrivé, avec Christine, dans la forêt des abeilles à la Lope, mais rien de comparable à l'époque car nous n'avions pas de viande à faire cuire. Encore une expérience avec des sensations fortes qui changent de la télévision ! Nous avons fait des sorties incroyables dans cette région : la recherche de lianes aux formes bizarres (mais difficile à conserver telles quelles car dès qu'on les coupe elles se recroquevillent, il faut alors les pendre avec un poids), le canyon de Leconi, superbe dépression avec ses cheminées et ses singes en contrebas. Il y a eu aussi la découverte d'une belle chute d'eau avec un bassin mais nous n'avons pas pu en profiter à cause des mouches Tsé-Tsé qui nous piquaient même à travers le jean. Et ce survol des lisères des forêts et des éléphants avec un petit coucou piloté par un pilote de Jaguar de l'armée française qui voulait s'amuser… Les courses en Suzuki sur les plateaux et le passage de la frontière Congolaise sans le savoir et tout ça, sans GPS ! J'en garde un souvenir inoubliable.

Et comment oublier ce retour sur Libreville, où l'on a mis la voiture sur le train ! Ce jour-là, on a monté la Suzuki sur un wagon à Lastourville en roulant sur des planches et en accrochant nous-mêmes la voiture sur les anneaux du wagon, le train n'étant pas opérationnel jusqu'à Franceville.

- Dans quel wagon monte-t-on ?

- Vous restez dans votre voiture !

Heureusement ce jour, la glacière était bien fournie. Au départ, on restera dans la voiture mais dix kilomètres plus loin, on s'installera directement dehors, sur le wagon. On profitera pleinement du paysage jusqu'à Ndjolé, avant de traverser la forêt. Rien que la forêt. Dans chaque gare, le contrôleur venait nous dire de rentrer dans la voiture ! On a bien rigolé et sommes arrivés à bon port après cette grande bouffée d'air.

AU MALI
1986

Bamako

Je suis affecté à l'école d'ingénieurs de Bamako : changement complet de décor, de climat, de paysages, d'ambiance et de contacts humains. La ville est en plein essor et ça grouille de partout. Le centre, avec ses bâtiments anciens, ses rues bordées de gros manguiers et son marché rose est resté tel qu'il est décrit dans les livres. L'extension se fait surtout sur la route de l'aéroport.

Le premier week-end, nous parcourons les rues du centre avec Christine pour repérer les magasins de tissus et où nous pourrions acheter de la vaisselle et des affaires pour la maison : le marché rose est super pour flâner et voir les couturiers travailler. Les couleurs sont belles et n'ont rien à voir avec les tissus du Gabon. « *C'est un lieu où on viendra souvent !* » dit Christine. Tous les grands magasins sont tenus par des libanais et il n'y a pas encore de supermarché. Aussi, il faudra vite nouer de bonnes relations avec les libanais si on veut être bien ravitaillés.

Coté boulot, c'est plutôt la routine pour moi et tout se passe bien. On habite dans une vieille maison coloniale couverte d'arbres et possédant une piscine. Oui, mais elle n'a pas été habitée depuis cinq ans, alors il faudra tout remettre à neuf. Le résultat sera à la hauteur et on aura la piscine la plus fraîche de tout Bamako. Ici, de plage ni de mer pour passer les week-ends alors nous nous inscrivons au Club de tennis où nous sommes très bien accueillis par les membres du bureau. Il y a une super ambiance et contrairement au Gabon, tout le monde se mélange : médecins, privés, enseignants. Très vite, nous faisons connaissance avec des gens qui ont, à peu près, les mêmes aspirations de découverte que nous.

Autre différence importante, le nombre de restaurants où l'on peut manger régulièrement. Ici, il n'y a pratiquement pas de petits boui-boui sénégalais où l'on mange une très bonne cuisine locale. Les restaurants des grands hôtels ? Moi, je n'aime pas y aller. Tout cela va nous changer ! Mais très vite, on constate que les gens se sont adaptés et les invitations fusent de toute part : anniversaires, fêtes de club, tennis, club hippique, canoë club et soirées dansantes avec des repas bien arrosés ou encore soirées déguisées avec deux à trois cents personnes. Quel spectacle ! Quelle ambiance ! Ainsi, pour la fête du canoë club, on reproduit le village d'Astérix et Obélix avec les copains du tennis. Les costumes réalisés par les couturiers locaux sont superbes. Les séances d'essayage ont lieu dans les rues et attirent beaucoup de monde. Tous les ans, il faut essayer de faire mieux ! Une vraie occupation qui dure pendant un mois. En fait, c'est une autre façon de vivre et il va falloir s'y adapter.

Le passage des bœufs à Diafarabé

Un des motards du club de tennis organise une sortie pour le passage des bœufs du Niger à Diafarabé :

- *Êtes-vous partant ?*
- *Bien sûr mais en voiture car, pour l'instant, je n'ai pas de moto.*
- *Cela tombe bien car il faut une voiture pour porter les glacières, les tentes et les matelas. On sera donc deux motos et une voiture.*

A la fin de la saison des pluies, lorsque le fleuve Niger baisse suffisamment, les bœufs passés au Nord pour paître doivent rejoindre les pâturages du Sud en traversant le Niger. Cette migration donne lieu à une fête où sont regroupés les Bororos[4] avec leurs « maquillages » et leurs costumes traditionnels. Lors de la traversée, les bêtes n'ont pas pied au milieu du fleuve et il faut donc motiver les premières pour que tout le troupeau suive. Cela provoque un grand rassemblement de bergers qui organisent la fête de l'autre côté du fleuve. Cet événement très impressionnant se produit une fois par an : des centaines de bêtes s'entassent, et ça meugle de partout.

Nous partons le vendredi après-midi et arrivons à Ségou, ancienne ville coloniale aux maisons typiques. Nous continuons jusqu'au village sur le bord du fleuve où le copain a une connaissance qui nous met à disposition un grand terrain avec trois énormes manguiers : l'endroit est idéal pour camper. Nous sortons les affaires de la voiture et montons les arceaux de nos tentes igloo. En fonction du terrain et de l'inclinaison, nous déplaçons nos tentes en les prenant par le haut (au croisement des anneaux) et nous trouvons rapidement trois emplacements adéquats : « Ah !!! … le « blanc » il est trop fort ! il déplace sa maison avec la main ! » s'exclame l'ami malien. Nous rencontrerons beaucoup d'expressions comme « ou bien » typiquement malienne.

A sept heures le lendemain matin, tout le monde est debout. A huit heures, on prend la piste, les deux motos ouvrent la route. A neuf heures trente, on arrive dans un nuage de poussière. On stationne les motos et la voiture sous un arbre, à l'écart. Les meuglements nous indiquent que l'on est bien arrivés au bon endroit. Le fleuve est là mais le courant est encore important : comment vont-ils traverser ce fleuve large de deux à trois cents mètres ?! Et les jeunes bêtes ?! Les bœufs piétinent ! Les bergers peuls, élancés avec leur chapeau conique en cuir coloré et leur bâton de berger s'activent, ça discute ferme. Un des plus âgés donne de la voix. Un autre lui répond ! Un jeune, près du fleuve, saute à l'eau. Il lève les bras et appelle les bêtes tout en marchant dans l'eau pour leur montrer que la rivière n'est pas profonde !

Les autres bergers poussent les bœufs vers la rivière, les animaux se bousculent, hésitent et se retournent. Alors, les peuls manient leur bâton avec virulence et poussent les bêtes avec leurs mains. Tout à coup : une, deux, puis trois bêtes entrent dans le fleuve puis c'est tout le troupeau qui se met en marche et se met à suivre leur berger dans l'eau. Celui-ci appelle les bêtes, celles encore sur la berge meuglent et se bousculent pour traverser. C'est assez incroyable ! Ça y est, le flot de bœufs commence à s'éparpiller dans le fleuve ; certaines se font déjà emporter par le courant. Sur le bord, les bergers crient. Sur l'autre berge, on n'avait pas remarqué, mais du monde s'agite : des cris, des tam-tam, des gens se sont aussi mis à l'eau et attendent le berger les bras en l'air. La scène est de plus en plus impressionnante !

Semblable à un mouvement perpétuel, une bonne centaine de bêtes avance à présent dans l'eau tandis que le berger nageur reprend pied de l'autre coté au milieu des villageois : il encourage les bêtes qui commencent à gagner la berge. Alors, elles accélèrent, pataugent et sautent pour sortir plus vite. Dès qu'elles sont à terre, elle se secouent et meuglent pour appeler les « copines » ! Sur l'eau, on dirait comme un serpent qui traverse le fleuve, il y en a partout…Certains veaux sont emportés par le courant, mais seront récupérés par deux ou trois grosses pirogues qui les attendent dans le virage à trois cents mètres de là. Certaines vaches sont aussi emportées, trop vieilles et fatiguées. On ne pourra pas les mettre dans les pirogues, mais elles finiront par traverser avec le courant plus bas inch'allah ! Avec l'arrivée des premières bêtes, les bergers situés sur la rive d'en face sont en ébullition et la musique couvre largement les meuglements des bœufs. De notre côté, les bêtes continuent à suivre les autres et les bergers les canalisent pour n'avoir qu'un seul cordon à surveiller. Ce spectacle va durer trois bonnes heures.

On prend une pirogue pour traverser. Sur la berge d'en face, il y a deux espaces : le premier où sont regroupés les animaux et leurs bergers, mais aussi beaucoup de monde, sûrement les propriétaires des troupeaux. Ils discutent, comptent le nombre de vaches et se chamaillent des fois à propos de tel ou tel animal. L'autre zone regroupe des étals d'outils agricoles mais surtout de tissus et de bijoux en plaqué or de la région comme ces grandes boucles en forme de carambole d'une dizaine de centimètres, des objets en paille mais aussi des chapiteaux pour la restauration.

Outre les bergers peuls « maquillés » avec leur chapeau, on remarque surtout les femmes peules maquillées mais surtout habillées avec des habits chatoyants aux impressions africaines et portant ces grandes boucles d'oreilles. Ces dernières, en tôle dorée, sont lourdes et déforment leurs oreilles en les rendant très allongées avec des trous énormes. Ces femmes ont vraiment très belle allure sur ce marché coloré. Les photos de ce côté du fleuve ne sont pas les bienvenues mais le plaisir des yeux est là et l'ambiance joviale de ce superbe événement me laissera un souvenir mémorable. Hélas, il faut déjà repartir car la route s'annonce longue.

[4] Bororo : Berger nomade du Sahel

Bamako et le permis de conduire moto grosse cylindrée

Désireux d'acheter la moto TENERE 600 du copain qui part définitivement du Mali, Christine et moi décidons de passer le permis moto pour grosse cylindrée. Ce type de permis est une grande première à Bamako : il faut repasser le code et c'est la première année qu'ils projettent des diapositives avec un questionnaire à choix multiples.

On se retrouve dans une salle avec une dizaine de jeunes du Lycée français pour passer l'épreuve commune aux voitures et aux motos. Avec Christine, on se met au premier rang pour pouvoir indiquer avec les doigts la solution choisie aux jeunes qui sont derrière nous. Tout le monde obtient son code et on se retrouve tous sur la grande place du marché Sougouni pour l'épreuve de conduite. Ils font passer la conduite aux lycéens en premier. La première candidate, une jeune malienne, a appris à l'auto-école à faire des créneaux uniquement sur sa droite or, ce jour-là, l'inspecteur a décidé de faire faire les créneaux à gauche. Trois fois de suite, elle reproduit les mêmes gestes du créneau à droite et se retrouve de l'autre côté, ce qui provoque une grande rigolade parmi les jeunes ! Vient notre tour en moto. L'inspecteur n'a rien pour faire le tracé du « huit », je pars donc avec lui mettre des cailloux un peu plus gros sur le terrain naturel. C'est vrai que l'on ne les voit pas très bien…mais j'ai ainsi l'avantage de faire le parcours à pied. Je passe le premier sans aucun problème : je fais le « huit », puis la ligne droite (quatre vitesses) et l'arrêt. Christine part, passe les premiers repères de cailloux mais ne voit pas les suivants. Elle retourne au point de départ et dit à l'inspecteur qu'elle s'est arrêtée parce qu'elle n'a pas vu les cailloux ! L'inspecteur réfléchit et hésite mais j'insiste avec l'aide de tous les jeunes du lycée pour qu'elle puisse faire un second essai. En effet, il ne s'agit pas d'un défaut de conduite mais de vision des repères ! Pour finir de le convaincre, je lui propose de montrer le tracé, en courant devant la moto. Tous les jeunes me soutiennent et il finit par accepter. Alors, faisant semblant de conduire l'engin, vroum…vroum… je pars en courant devant la moto de Christine. Tous les lycéens applaudissent et Christine fait son « huit » sans problème ainsi que la ligne droite et l'arrêt.

Cet après-midi-là, nous avons obtenu ainsi notre permis moto grosse cylindrée et tous les jeunes du lycée français leur permis voiture.

La région de Mopti et le pays Dogon

A Noël, nous décidons avec Christine d'aller passer les fêtes dans le pays Dogon en passant par Djenné et Mopti alors que les copains préfèrent rester à Bamako pour faire les sapins de Noël et de grosses bouffes. Chacun son truc ! Notre première étape est Djenné, connue pour son originale mosquée en terre. Super, il n'y a personne et nous sommes seuls à l'auberge. La patronne nous lance :

- Vous voulez coucher où ? A l'intérieur dans une chambre ou à l'extérieur ?

- Sur le toit, si cela est possible, répond Christine. On profitera du ciel et des étoiles.

- Oui, mais il fera froid !

- Non, cela ira, on a des duvets.

On installe les deux matelas puis, accompagnés d'un enfant de la maison, on part visiter le village et sa fameuse mosquée en terre. On reste bouche bée devant cet édifice incroyable et si impressionnant. On nous fait entrer et quitter nos chaussures. L'intérieur est sombre car il y a beaucoup de piliers en terre très rapprochés et on y ressent une certaine sérénité. On monte sur le toit où s'étend devant nous une vue panoramique sur la ville, la brousse et le marigot situé derrière. De là-haut, on situe même la place du marché, aujourd'hui déserte. Ce bâtiment en terre est une œuvre d'art et il est dommage que les réparations aient été faites en ciment (certes c'est plus rapide et résistant, mais cela ne s'accorde pas avec les matériaux d'origine). Je n'en reviens pas, moi, le « maçon ». Le village est sympa avec ses petites ruelles, ses porches et de pittoresques cours intérieures. Les gens sont très accueillants et on verra seulement de l'extérieur la maison de René Caille[5]. Le soir tombe et nous rentrons pour le dîner et notre nuit sous les étoiles. La patronne nous interpelle :

- Alors c'était comment ?

- Très bien et demain on ira au pays Dogon.

- Non…Non ! me répond-elle d'un air assuré, il y a le marché et il faut absolument le voir et surtout la mosquée au milieu du marché. Vous verrez, vous ne serez pas déçu !

- Bon OK, mais demain après-midi, on part !

- Très bien.

On passe une bonne nuit sous un splendide ciel étoilé. Le lendemain, les ruelles sont bouchées, pleines de monde, ça se bouscule de partout et on a du mal à se frayer un chemin jusqu'à la mosquée. Incroyable ! On n'est plus au même endroit ! On ne reconnaît rien et la mosquée, impérieuse, est bien là mais elle semble noyée au milieu des étals ! Cela n'a rien à voir avec l'ambiance de la veille…mais c'est aussi très intéressant. La foule aux habits très colorés, le bric-à-brac des objets vendus, le contact avec les gens, le marchandage que l'on écoute d'une oreille au détour d'une rue…On est dans un autre monde, beaucoup plus humain, naturel et convivial que notre modèle européen. Ça grouille autant que dans une fourmilière ! La vannerie est superbe mais prendrait trop de place dans la Suzuki. Tous ces tissus, les couvertures en poils de chameau… On ne sait plus où donner de la tête. On achète des fruits et on s'en va. On reprend alors la piste sur la digue puis la route goudronnée jusqu'au croisement à Sévaré où l'on tourne à droite direction Bandiagara. C'est une très belle petite piste en latérite au milieu de la savane parsemée de grands arbres et de petites forêts. A Bandiagara, on tourne à gauche direction Sangha, le dernier village en haut de la falaise. La piste peu fréquentée se faufile entre la roche et les arbres. De temps en temps, autour des points d'eau, on devine des petites parcelles où sont cultivés des oignons dont les tiges vertes contrastent avec la savane jaunie. Souvent, on croise des enfants qui courent après la voiture et demandent des bonbons (maintenant, ils demandent de l'argent). On arrive sur la place de Sangha juste avant la nuit, l'auberge est là et nous sommes seuls, parfait pour la visite ! Un matelas sur la terrasse, une bassine d'eau et un sceau pour se laver, un coin avec une table et des bancs pour manger : cela nous suffit jusqu'à demain, où nous irons camper en bas de la falaise.

Le lendemain, un gamin de douze ou treize ans nous sert de guide et nous emmène sur un sentier rocheux. Au départ, on emprunte un chemin carrossable que je repère pour pouvoir y redescendre plus tard, puis un petit sentier au milieu des cailloux. On domine toute la vallée tapissée de savane arbustive jaunie par le soleil. On distingue déjà des toits de chaume et des cases accrochées à la falaise. C'est surprenant de voir ces cases au milieu des rochers, sur ce terrain très pentu, alors que plus bas le terrain est plat.

En fait, il faut savoir que les Dogons ont été chassés par les gens de la plaine et se sont réfugiés sur le plateau qui domine la falaise. Ils ont été de nouveau chassés et se sont installés là où personne n'oserait s'aventurer. Maintenant, certains ont construit leur case dans la plaine en contrebas. L'ensemble des cases est très bien intégré dans la roche et seuls les toits de chaume noircis par la pluie permettent de les repérer. Chaque case a sa propre petite cour, son grenier à grains et un abri pour les animaux domestiques. Sur une petite place, au milieu des villages, on trouve la case à palabres : lieu où les hommes (chef et conseillers) se réunissent pour prendre les décisions communes. Les piliers sont très souvent sculptés avec des représentations de crocodiles, de masques et de guerriers ou quelques fois des oiseaux. On circule au milieu des cases sans problème car peu de gens sont présents dans la journée, les hommes étant à la chasse et les femmes au champ. Notre jeune guide nous fait remonter par un petit sentier puis nous arrivons au pied de la falaise. Là, en haut, il nous montre les trous, les uns à côté des autres ou superposés, inaccessibles sans une échelle de bois et même des cordes pour certains : ce sont les lieux funéraires des Dogons. Ils mettent leurs morts dans ces trous et disposent à leur entrée des statuettes qui les représentent : les effigies. C'est assez impressionnant, et nous avons revu la même coutume dans les falaises d'Indonésie. Ces effigies sont souvent volées par des gens peu scrupuleux. Je demande au jeune s'il connaît l'endroit où l'on fabrique ces statues mais visiblement, il n'en sait rien. Nous aimerions les voir mais c'est impossible depuis l'extérieur. Je regarde Christine : il faudra qu'on se renseigne ! Ça semble intéressant ! On descend jusqu'en bas de la falaise où l'on découvre une vue très esthétique du village « fondu » dans la roche.

Le soleil est maintenant au zénith et le mercure commence à grimper. Nous entamons la montée : les couleurs sont écrasées par la chaleur, nous aussi. Avant d'arriver en haut, le soleil est déjà passé derrière la falaise tandis qu'en bas la savane prend de sublimes couleurs rougeâtres. Demain, on compte approfondir tout cela et avec les indications qu'on a relevées au centre culturel de Bamako, on devrait faire de belles découvertes. Tiens, un bruit de voiture ! Une « 404 pigeot » (comme ils disent au Mali) remonte la piste. Elle est chargée, comme d'hab et elle a beaucoup de mal à monter mais pour nous c'est bon signe car demain nous allons pouvoir prendre cette piste pour descendre dans la vallée et suivre la falaise à la recherche de villages plus authentiques.

Après une bonne nuit, nous empruntons la piste qui descend : Hum ! Il faut garder le pied sur le frein, inutile d'accélérer. Je suis concentré sur la piste, la pente et les cailloux car certains sont coupants. On est bien secoués ! On finit par arriver en bas où l'on trouve du sable, que du sable et le mode 4X4 devient obligatoire. On s'arrête faire une pause et regarder la falaise et le village puis on se dirige plein Nord. Pas de piste tracée, on navigue « à vue de nez » et tant bien que mal, on avale une dizaine de kilomètres au compteur (je note tous les repères kilométriques). La falaise présente une sorte de cassure, semble s'arrêter, puis continue par intermittence. Un gros rocher tout lisse, un arbre à l'ombre épaisse : l'endroit est idéal pour faire un camp et planter la tente. Impeccable ! La matchette à la main et un bâton dans l'autre en cas de rencontre avec un serpent, je fais un petit tour. Tiens, un sentier de chasseur qui semble monter dans la falaise ? Tout est calme, le silence est absolu. Christine de son côté n'a rien vu d'anormal, seulement la brousse et sa savane sèche. On s'installe, on mange et on fait une petite sieste.

- Tiens, tu n'as pas entendu un bruit ?

- Non…

A peine deux minutes plus tard, même bruit ! Christine me dit que cela vient de la falaise. On sort les jumelles :

- Là-bas ! sous le gros rocher ! de la fumée !

- Où ?!

- Oui, c'est bien ça ! Soit c'est un chasseur, soit un petit village !

Tout à l'heure, j'ai vu un sentier derrière le rocher et je veux en avoir le cœur net ! On range un peu les affaires, on ferme la voiture à clé et nous voilà partis explorer. Des perdreaux s'envolent à droite et à gauche, le sentier est petit mais bien tracé et pratiqué, il passe et évite les gros cailloux tombés. On arrive presque à l'aplomb du gros rocher lorsqu'on entend des voix. On avance doucement et sans le vouloir, on se retrouve au milieu de deux cases en pierre. Dans la cour devant nous : un homme et une femme. La femme s'enfuit en nous voyant tandis que l'homme nous regarde. Surpris, nous lui faisons un signe de la tête et de la main mais il ne bouge pas d'un pouce. Une autre femme, venue regarder ce qui se passe se retourne et part en criant ! Je fais de nouveau signe avec les mains que nous ne voulons rien mais l'homme semble surpris par notre présence. Que font des étrangers ici ? Dans sa main, il tient un grand couteau couvert de sang et à ses pieds gît un petit singe décapité ainsi qu'un poulet qui n'a plus de tête. Je jette un coup d'œil environnant et remarque une espèce de cône arrondi, passé à la chaux blanche et sur lequel il y a des traces de sang : en fait, il vient de faire un sacrifice ! On n'en saura pas plus car il ne parle pas un mot de français, mais sans agressivité et en nous montrant le singe et le poulet, il nous fait comprendre que ce n'est pas pour nous et qu'il faut que l'on parte, les sacrifices ne sont pas compatibles avec la présence des étrangers. Nous levons la main pour dire OK et nous repartons, un peu déçus de ne pas en savoir plus. Il vaut mieux ne pas insister car on ne sait jamais comment cela peut tourner. Nous revenons à la tente et après un dîner à la lueur des étoiles, on passe la nuit sous la voie lactée. C'est d'un calme incroyable : on doit sûrement être au bout du monde…

Le lendemain, on rebrousse chemin, toujours le long de la falaise. Nous dépassons le village en dessous de Sangha et on se dirige plein sud. Pour rouler plus facilement dans le sable, on s'est éloignés un peu du massif et on circule entre les gros arbres, ce qui nous permet aussi d'avoir une vue dégagée et de mieux repérer les villages. On arrive ainsi au village dogon de Dourou, qui s'est maintenant développé dans la plaine. Il reste cependant beaucoup de cases dans la falaise car leurs habitants ont encore très peur d'une nouvelle guerre ethnique. L'école est en bas et une nouvelle case à palabres a été construite avec ses gros piliers sculptés et de la paille entassée sur le toit, formant un édifice très joli et intéressant. Nous laissons la voiture près de l'école, à l'ombre d'un arbre. Christine, comme « d'hab » fait un petit coucou aux enfants de l'école pendant qu'une foule l'entoure et se forme autour d'elle. Christine l'institutrice retrouve son élément ! Ça fait plaisir à voir tous ces gamins s'intéresser à elle ! Tous les enfants veulent nous suivre mais heureusement l'institutrice locale arrive et les retient.

Nous déambulons dans le village, les femmes nous invitent à rentrer dans leurs « concessions » construites autour d'une petite cour. Le mobilier est très restreint, une natte sur le sol remplace le matelas, une grosse jarre en terre sert de réserve d'eau et les tisons du feu restent entretenus pour le feu de la cuisine. Les poules courent un peu partout. Là ! Oh !!! Le grenier à grains surélevé (comme sur pilotis) avec une jolie porte sculptée : dessus, sont représentés les sages du village, les guerriers, le crocodile et le calao[6], chacun avec une place bien définie. C'est bizarre car les portes des cases des greniers, elles, ne sont pas décorées mais plutôt déglinguées. Je n'ai jamais eu d'explication à cette contradiction et pourtant il doit y en avoir une, car on retrouve cela dans les maisons Tata dans le nord du Togo et du Bénin, mais aussi chez les peuls du Fouta en Guinée. On flâne, il fait bon et cette l'ambiance à la cool est géniale : ici on croise peu de touristes car la piste pour y arriver n'est pas facile. On revient à la voiture lorsque tous les gamins arrivent et se dirigent vers Christine. Leur maîtresse, qui parle deux mots de français mais assez pour se faire comprendre, les rejoint. Christine s'amuse avec eux tandis que moi, j'entraîne la maîtresse vers la case où nous avons vu la porte du grenier et je lui demande si elle sait qui fabrique ces portes. Visiblement, elle a compris ma question et me désigne une case à la sortie du village, ce doit être le menuisier du coin.

Après avoir distribué quelques « petits Lu », on reprend la voiture et, au milieu des cris des gamins qui dansent pour faire rester Christine, on s'éloigne vers le bout du village où j'arrête la voiture à l'écart de la foule. « *On va essayer de voir le menuisier, c'est là, a dit la maîtresse* ».

Au bruit du marteau frappant le bois, je trouve facilement la case : ce n'est pas vraiment un atelier mais plutôt un vrai foutoir ! Un marteau, un maillet, trois ciseaux à bois, une scie de bûcheron, une scie égoïne et des « bouts » de planche d'un mètre de long… On nous fait signe d'entrer. L'homme travaille à même le sol et sculpte justement une porte de grenier ! Waouh ! Magnifique ! Même si avec le bois fraîchement travaillé, elle n'a pas le cachet et l'allure des vieilles portes. Un coup d'œil à Christine : « *On pourrait l'acheter ? Je lui demande s'il fait autre chose ?* » Il se lève et se dirige vers le coin de la cour. On regarde mais on ne voit rien d'autre qu'un tas de terre ressemblant à du fumier. Il prend la fourche en bois à deux branches et soulève le tas où deux morceaux de bois tordus apparaissent. C'est quoi ?! Humm ! Il en ramasse un, fait tomber la terre, l'essuie et là, incroyable, mais une statue représentant les effigies pour les morts apparaît ! Tiens ! Tiens ! Mais pourquoi les a-t-il mises dans ce fumier ? Il nous montre alors des petits vers qui ont attaqué le bois et fait de petits trous, ce qui lui donne une allure vieillie : ce procédé ingénieux est incroyable à condition de ne pas les laisser trop longtemps et de surtout bien les nettoyer. Je ne connaissais pas cette technique pour vieillir le bois moi qui le travaille un peu. Coup d'œil à l'artisan : « *Combien ça vaut ?* » Même en montrant du doigt pour compter un billet, il nous est impossible de nous faire comprendre. C'est une occasion en or mais comment faire ?! Christine me demande alors les clés de la voiture. « *L'institutrice ! - Suis-je bête ! Évidemment !* » Je reste le regarder travailler sans trop m'intéresser aux statues pour ne pas lui mettre la « puce à l'oreille ».

Il nettoie la seconde statue et on distingue à présent un homme et une femme qui se regardent si on les dispose bien. Christine revient avec l'institutrice et lui a fait comprendre que s'il nous faisait un bon prix pour la porte et ces statues surprenantes, on lui ramènerait des cahiers et des crayons. La discussion va bon train et elle marchande à notre place. Le tarif lui semble trop élevé mais cela nous convient. Le menuisier s'empresse de tout nettoyer et astiquer et il porte nos achats à la voiture. C'est génial, on a fait fort ! Christine remercie l'institutrice, qui ne veut même pas qu'on la raccompagne, et lui réitère sa promesse de lui apporter des cahiers, des crayons et des livres pour l'école l'année suivante.

On repart en chantant, direction maintenant la fin de la falaise où la piste descend de Bandiagara vers le Burkina Faso. « *Tiens, on va prendre le lit asséché de la petite rivière qui longe la falaise* ». C'est mou, très mou et en plein virage…on se plante ! Cailloux, bout de bois, rien n'y fait ! Je ne veux pas dégonfler car sur la piste je ne pourrai pas rouler sans regonfler et je n'ai pas de gonfleur. Je retourne donc à pied au village et revient à la voiture, accompagné d'une vingtaine de gamins venus nous aider. Dix minutes plus tard, Christine, au volant, sort du lit de la rivière et nous nous éloignons pour éviter le sable.

On roule maintenant en hors-piste dans la savane, vers la grande piste qui descend de la falaise. Il faut que l'on revienne un peu en arrière, plus près de l'escarpement pour repérer l'endroit où les gens de la vallée montent dans la falaise : c'est un passage qui permet de monter les denrées alimentaires à Bandiagara sans faire un grand détour à pied (principe des échelles). On cherche un sentier, un passage, une trace mais on ne trouve rien. On finit par chercher une place d'où nous pourrons avoir une vue de la falaise et détecter les mouvements des gens. Ici, cela devrait aller. On met la voiture à l'ombre et on plante la tente. On passe une bonne nuit à admirer les étoiles sous un ciel magnifique.

Aux premières lueurs du jour, on entend des voix de femmes au loin. On tend l'oreille : oui c'est bien ça, et les voix viennent des falaises ! On se fait un café et on y va ! On n'est pas loin et on distingue les voix de mieux en mieux au fur et à mesure que l'on s'en rapproche. En quinze minutes, on est au pied de l'escarpement rocheux ; les voix proviennent bien de là et grâce à mes jumelles, je distingue des tissus de couleur qui bougent ! Chouette ! On est sur le bon chemin ! On marche d'un bon pas jusqu'à distinguer vaguement trois femmes habillées de jaune et de rouge, qui montent avec des ballots sur la tête. Le sentier est maintenant bien tracé et progresse dans leur direction, au creux de la falaise. Très vite, la végétation s'efface ce qui nous permet de voir parfaitement ces femmes : une a une bassine sur la tête, les autres portent des ballots. Elles nous ont vus ainsi que la voiture qui brille avec les reflets du soleil.

On monte au milieu de blocs de plus en plus gros ; des passages étroits, des marches, on s'appuie de temps en temps sur les mains pour faciliter les passages, on se faufile, on grimpe. On franchit à quatre pattes une échelle en bois, taillée dans un tronc d'arbre avec une fourche en haut qui se bloque entre deux rochers. Puis, dix mètres plus loin, en voilà une autre ! Sur les vingt derniers mètres, c'est à présent une succession d'échelles qui nous permet d'arriver en haut. On tire la langue ! Au sommet, les femmes ont posé leur charge et discutent ; elles sont en tongs ! Mais comment font-elles pour monter ainsi ?! L'arrivée sur la grande piste se fait derrière un imposant rocher, si bien qu'en passant en voiture, vous ne le voyez pas.

On reste en haut d'où l'on domine toute la plaine pour admirer les couleurs changeantes de la savane avec le soleil. Deux taxis-brousse, des 404 pigeot, s'arrêtent pour nous demander si on a besoin d'aide. « *Non, merci !* » Ne voyant pas de voiture, ils se demandent d'où l'on vient et qu'est-ce que l'on fait ici. Aller, on redescend ! Certes les échelles sont raides et il faut regarder où on met les pieds ! Mais si la montée nous a essoufflé et épuisé, la descente se fait sans trop de problème malgré le soleil qui nous tape sur la tête. Nous arrivons en bas et rejoignons la voiture où nous ouvrons une bonne bière…mais pas très fraîche ! Tant pis, ça désaltère. Après une pause et le rangement de la voiture où nous veillons à cacher la porte et les statues en les mettant sous nos affaires, on reprend la piste qui monte dans la falaise. Ce coup-ci, on s'arrête pour voir le passage derrière le gros rocher. En effet, on ne peut pas le deviner ! On roule à présent vers Mopti, ravis de notre visite du Pays Dogon. Nous reviendrons, c'est sûr !

Mopti. L'ambiance est au changement complet. Autour du port, la vie est très animée. Nous allons à l'hôtel prendre une bonne douche. On marche le long du fleuve où des pirogues de toutes les dimensions circulent sur l'eau, certaines couvertes d'un toit de paille. On nous interpelle pour faire un tour de pirogue et aller voir les Bozo, ce peuple de pêcheurs qui vivent au gré des eaux du fleuve Niger : « *Plus tard, merci* ». On passe notre chemin lorsqu'on arrive au port. C'est une véritable fourmilière : les gens courent sur les quais, d'autres déchargent les pirogues et des charrettes à âne font un véritable ballet. Nos yeux se posent tour à tour sur ces scènes de vie, sur ces grandes pirogues chargées de plaques de sel que l'on descend à la main et posées sur le quai, puis sur les plateaux des charrettes. Ça ne chôme pas, car l'homme surveille et donne de la voix. Notre curiosité nous conduit vers les pirogues de pêcheurs et leurs poissons de toute taille où l'on remarque de très gros capitaines (poissons d'eau douce) et beaucoup de poissons séchés. On aperçoit plus loin des pirogues avec un toit d'où descendent des passagers et des pirogues qui transportent le bois destiné à faire le feu. On fait le tour de l'anse dans laquelle se trouvent tous les bateaux pour arriver à l'auberge Bozo, à la pointe entre le bassin et le fleuve, un lieu idéal pour observer tranquillement les activités du port, les allers et venues des pirogues et surtout pour déguster une bonne bière fraîche : Quel spectacle magnifique ! Au coucher de soleil, le lieu prend une tout autre dimension : les ombres accompagnent les embarcations, les couleurs s'estompent et on se retrouve dans un tableau en noir et blanc dans lequel on se prend à rêvasser. Le temps s'étire. On savoure une, puis deux bières bien frappées et méritées mais la nuit tombe vite, trop vite à nos yeux et il faut se décider à revenir à l'hôtel.

Le lendemain matin, on embarque durant deux heures sur une pirogue pour aller voir les villages Bozos sur les berges opposées du fleuve. Ces villages très pauvres aux abris souvent de fortune sont habités par des gens très gentils et accueillants. Tous les membres de la famille participent aux travaux quotidiens et ménagers, à la réparation des filets de pêche et au déchargement des bateaux. Ça sent le poisson ! Les plus jeunes jouent avec une boite de conserve vide, une jante de vélo ou encore un jouet en plastique cassé. A part une imagination débordante pour inventer des jeux, ils n'ont pratiquement rien et pourtant ils ont l'air heureux et « biens ». Tous ces villages se ressemblent alors nous revenons vers le port pour explorer la ville. Il y a beaucoup de magasins, de grossistes mais pas grand-chose d'intéressant.

Le lendemain, nous reprenons la route de Bamako, si longue et ennuyeuse quand on la connaît. Il faut être très vigilant car il y a souvent des accidents. Le soir même, on retrouvera les amis au club de tennis :

- Alors, comment ça s'est passé ?

- Super, c'était génial !

- La prochaine fois, on viendra avec vous !

Tu parles ! On raconte nos visites mais on ne parlera pas de nos achats.

[5] René Caille : Explorateur français connu pour avoir été le premier occidental à pénétrer les portes de la ville de Tombouctou le 20 avril 1828.

[6] Calao : oiseau emblématique d'Afrique australe

Côte d'Ivoire, San Pedro et Monogaga

Pendant les vacances de l'année suivante, on change de cap, direction la Côte d'Ivoire. Nous n'allons pas à Abidjan que tout le monde connaît mais à San Pedro et les plages de l'Ouest. On prend donc la route principale goudronnée jusqu'à Bougouni puis à droite direction Manankoro où nous passons la frontière du côté malien, puis ivoirien. Là, on rencontre un grand gaillard très sympathique avec qui nous garderons un bon contact (c'est toujours intéressant d'avoir des relations de ce genre). Les formalités se font rapidement et on se dirige alors vers Man où l'on couchera chez des connaissances du Club de tennis.

Le lendemain on prend la direction de San Pedro où l'on fait le plein d'essence, de bières, de pain et de fruits puis direction la route côtière sur vingt kilomètres. On tourne à droite, direction Monogaga. Pas de panneau et personne pour nous renseigner. Au bout de dix kilomètres, apparaît devant nos yeux une sublime plage bordée de cocotiers : le paradis ! On arrête la voiture, on marche dans le sable jusqu'à la mer, on quitte nos chaussures pour savourer la tiédeur de l'eau sur nos orteils. On se détend. La plage est déserte, une pirogue à gauche à une centaine de mètres et une à droite au loin dans la courbe de la plage. La mer nous manque un peu depuis le Gabon, on va donc pouvoir en profiter ! Un homme arrive sur la gauche :

- Bonjour, j'ai deux langoustes et des crabes bleus, ça vous intéresse ?

- Oui bien sûr, mais combien vous les vendez ? On marchande un peu histoire de lui montrer qu'on s'y connaît un peu et l'affaire se conclue, on va se régaler !

- Savez-vous où nous pouvons mettre la tente ?

- Ici, en ce moment, il n'y a personne en semaine, alors vous pouvez vous installer sur la terrasse de ce bungalow.

Incroyable ! L'espace qu'il nous désigne est idéal pour notre tente. Il est situé entre les deux chambres et on repère immédiatement la table, les bancs mais surtout le barbecue situé juste devant l'emplacement. On s'installe et l'homme se propose même de faire le feu du barbecue.

Je décide de m'occuper des langoustes et pendant que je m'affaire à les couper en deux pour les mettre sur les braises, ma petite voix me glisse « On est mieux qu'à l'hôtel ! ». Je sors les glacières et on prend l'apéro. On offre une bière au pêcheur ravi ! Nous dégustons ainsi notre dîner de roi dans ce petit paradis.

Le lendemain et les jours suivants s'écoulent doucement entre baignades, balades sur la plage, siestes sous les cocotiers et le soir rebelote : les langoustes au feu de bois. Trois jours de rêve et de détente parfaits ! Le week-end arrive et nous devons libérer la paillote. Comme il y a suffisamment d'espace entre les cocotiers, nous plantons la tente. On retourne faire quelques courses de pain et de fruits à San Pedro quand nous apercevons une petite gargote avant la plage. Il y a du missala au menu, une sorte d'écrevisse vivant en eau saumâtre dans les estuaires. On s'installe et on se régale avec l'attiéké, semoule de manioc préparée à l'Ivoirienne, la sauce est un vrai délice. Le samedi, la plage est plus animée : une trentaine de « blancs » occupent les paillotes et les enfants s'en donnent à cœur joie tandis que sur un kilomètre de long, on ne se bouscule pas. Le dimanche matin, en nous baladant sur la plage, je remarque un couple avec des enfants. Je le connais mais ne me souviens plus qui c'est. Lui aussi nous regarde. Il a travaillé au Gabon pour Veritas ! Il finit par me reconnaître quand j'approche. Les salutations faites, l'homme nous invite à prendre l'apéro dans sa paillote, encore plus grande que la nôtre. C'est sympa, on se rappelle de bons moments.

- *Mais, où êtes-vous ?*

- *Sous la tente !* Il nous propose alors de dormir dans sa paillote, dès ce soir, car il rentre à San Pedro pour le travail.

- *Ok, mais on restera sur la terrasse !* On se raconte quelques histoires anciennes et je finis par lui dire :

- *Vous en avez de la chance ici d'avoir la mer pour les enfants et surtout, les fruits de mer !*

- *Ah oui !!! mais pourquoi, vous n'en avez pas à Bamako ?*

- *Non, malheureusement !*

- *Je connais très bien les pêcheurs du coin et je peux peut-être regarder si je peux vous en faire livrer.*

- *Ce serait super, mais comment ?*

- *Par la route, c'est trop long et puis il y a la frontière mais je pilote ici un petit avion avec l'aéroclub et on pourrait aller jusqu'à …*

- *Quoi ?! Tu pourrais aller jusqu'à Odienné ?*

- *Il y a un aéroport ?*

- *Oui et des fois j'y monte pour Veritas. Ce serait génial ! Dès que je rentre à Bamako, j'en parle aux copains et on va organiser cela. On prendra tout en charge : le kérosène, l'achat des fruits de mer et autre. Dans l'avion, qu'est-ce que tu peux mettre ?*

- *Trois grosses glacières avec de la glace et cinquante kilos de langoustes et autant de crabes, crevettes et poissons.*

- *Ce serait super ! Ça marche, je vais m'en occuper sérieusement.*

On s'échange nos numéros de téléphone et fax (internet n'existait pas). On se salue :

- *J'attends de tes nouvelles !*

On restera deux jours supplémentaires, super bien installés et à manger chaque jour comme des rois : langoustes, crevettes, barracuda et crabes bleus sur le grill. Pour changer d'itinéraire, on passe par la capitale ivoirienne Yamoussoukro pour voir la nouvelle construction présidentielle : une cathédrale impressionnante visible depuis des kilomètres au-dessus des palmiers. Certes, c'est un très bel ouvrage qui en impose mais qui va servir à quoi ?! Encore une de ces folies des grandeurs... En route pour Bamako, la route est longue car ce n'est pas évident de doubler les camions qui sont les seuls moyens d'approvisionner la ville. Dans ma tête, je retourne ce « plan des langoustes » dans tous les sens.

La semaine suivante, on retrouve les copains au tennis club auxquels j'expose mon opération langoustes. Tout le monde trouve que c'est une idée géniale sauf les commerçants Libanais qui me disent : « *On a déjà essayé plusieurs fois mais ça a toujours foiré !* » Cela refroidit beaucoup de gens mais certains me font quand même un clin d'œil…La semaine suivante, j'ai besoin de faire un point sur la fiabilité de l'opération pour prendre une décision. Qui est partant ? Gilbert et Jeannot sont d'accord. Ce dernier propose de prendre son 4X4 Pajero station wagon, assez grand pour mettre les trois grosses glacières. Je téléphone à San Pedro et dit à mon contact :

- C'est ok ! Préviens-moi quand tu peux faire la livraison. Quinze jours plus tard, il me rappelle et me dit :

- Samedi prochain si vous pouvez ? A 9 heures à Odienné sur l'aéroport, je vais prévenir le responsable de la tour de contrôle.

- Super, on y sera.

Le vendredi après-midi, nous voilà partis tous les trois. Dans la voiture, l'ambiance est au beau fixe, on chante (faux) et on rigole. Ah ! J'ai oublié de vous dire que j'ai acheté des maillots de foot et des chaussettes pour les douaniers dont le grand gaillard ivoirien. Lorsqu'on arrive à la frontière, je le repère là-bas ! Il vient vers nous, me reconnaît et me dit avant de demander nos passeports :

-   *Vous avez pensé à moi ?*

-   *Bien sûr !*

Je lui tends deux paires de chaussettes. Ravi, il prend les passeports, les fait tamponner et nous passons.

-   *On revient demain, si tout va bien !*

-   *Je serai là !*

-   *Ça, c'est du passage de frontière !* s'exclame Gilbert, le Colonel.

On arrive à Odienné où l'on couche dans le seul hôtel de la ville. A huit heures après un petit déj, nous sommes d'attaque et Gilbert a pris soin de prendre son béret rouge et sa veste à galons de Colonel. On entre dans l'aéroport, désert. Personne en vue, mais une mobylette est appuyée en bas, sur le mur de la tour de contrôle. Gilbert nous dit : « *Laissez-moi faire !* » Il monte à la tour de contrôle. Heureusement, on est un peu en avance…Quinze minutes plus tard, il redescend avec le sourire : « *C'est bon, on peut entrer sur la piste de service et se garer à côté de la raquette ! Ton copain a envoyé un message et il prévoit d'atterrir vers neuf heures.* » Gilbert ouvre la grille d'accès à l'aéroport et nous voilà sur la piste de service. « *Il n'y a pas d'autre avion de prévu ce matin* ».

L'avion atterrit à l'heure et se met sur la piste de service. Le pilote arrête le moteur, ouvre la porte et saute à terre : « *Salut Doume ! Vous êtes prêts ?!* » Les présentations faites, on approche la voiture et on descend les glacières. « *Allez, il faut faire vite.* » Zut, on a oublié les gants, on va se geler les mains !

On transvase tout en rigolant : une couche de glace, une couche de langoustes. En moins de deux, la première glacière est pleine et se retrouve dans le coffre du Pajero. Dans la seconde, on empile crabes, crevettes et soles. On jette la glace restante sur l'herbe. Nos mains sont gelées mais on continue et on remplit la troisième glacière. Le copain vide le reste de sa glace sur l'herbe et remet les caisses vides dans l'avion. Je règle le tout avant de nous dire au revoir ou à la prochaine avec de grandes embrassades. Nous n'avons même pas le temps de prendre un verre, le moteur tourne et le pilote repart immédiatement. Youpi ! ça c'est de l'opération ! On sort de l'aéroport et Gilbert referme la grille. De la main on fait au-revoir à l'homme de la tour. On file droit vers la frontière, la climatisation au maximum sans même s'arrêter à Odienné. Notre grand gaillard est toujours là et cette fois je lui ai préparé les deux maillots de foot : « *Ça, j'oublierai pas ! Vous revenez quand vous voulez !* » Cette fois, on est bon, c'est reparti ! On roule et on chante, heureux que tout se soit passé comme prévu. Les libanais vont faire la gueule ! On arrive chez Gilbert à dix-sept heures. Nos femmes sont là et n'en croient pas leurs yeux en découvrant les glacières pleines de crustacés. « *Champagne ! s'exclame Gilbert, ce soir on fait la fête avec les langoustes !* » On en met six de côté pour le barbecue et le reste du butin est séparé en trois. Le congélateur est plein ! La soirée s'étire, animée et bien arrosée.

Le lendemain, au tennis club, les libanais feront la gueule tandis que les autres copains s'empresseront de demander : « *A quand la prochaine opération langouste ?!* »

Une sortie dans la boucle du Gourma

Christian est un passionné de mécanique automobile. Il pilote un ULM à trois axes, aile delta avec un de ses meilleurs copains de travail. Il aime partager sa passion avec les intéressés. A la saison sèche, on se retrouve sur un île du fleuve Niger, où ils ont aménagé un petit club avec une piste de décollage pour ULM. Je fais quelques vols avec eux et j'affectionne la découverte de ces nouveaux points de vue depuis le ciel tout en participant à l'animation de cette activité. Je fais ici quelques expériences de parachutage.

Un jour, Christian me prévient qu'il organise une sortie dans la boucle du Gourma pour compter les éléphants. Ces pachydermes vivent encore en nombre limité dans cette région, au milieu de grandes mares comme celle de Ngata. Lorsqu'elles s'assèchent, ils descendent vers le sud à la frontière du Burkina où ils occasionnent de gros dégâts dans les jardins et les plantations. Il fallait donc évaluer leur nombre et Christian, en ULM, était chargé de cette mission.

Aux vacances de Pâques, on part donc avec trois voitures. L'ULM est démonté et plié dans un pick-up Toyota et deux autres voitures sont chargées de glacières et de l'équipement de camping. On roule sur la route goudronnée jusqu'à Douentza, puis nous prenons la piste plein Nord. Christian connaît parfaitement le coin et ouvre la voie. On roule tranquillement sur une cinquantaine de kilomètres quand un vent de sable se lève et nous aveugle totalement. On ne distingue plus rien alors que la nuit commence à tomber. Christian continue car on est presque arrivés. On suit difficilement mais on suit…jusqu'à ce que l'on décide de stopper les véhicules et de monter le camp ici. Christian repère un espace où mettre les voitures et les tentes :

« Vous allez placer les voitures en demi-cercle pour nous protéger du vent et on fera le feu au milieu. » On s'exécute. On monte les tentes et prenons un repas un peu « sablé » autour des braises avant de filer au lit car demain, une grosse journée nous attend. Deux heures plus tard, le sol se met à trembler et des bruits étranges résonnent autour de nous. On allume nos torches pendant que Christian réactive le feu. Des éléphants tournent autour

du camp ! On fait deux petits feux de chaque côté pour délimiter notre espace.

Les filles se sont levées et cachées sous les voitures, ce qui n'est pas forcément la meilleure solution ! A cet instant, on n'est pas très fiers et on n'y voit rien ! Ça tourne, le sol tremble durant cinq, ou peut-être dix minutes mais cela nous paraît interminable. Enfin, le calme revient, les filles sortent de leur cachette et on discute de la situation pour les rassurer et on retourne se coucher sauf que le sommeil est bien parti et la nuit déjà bien avancée.

Ainsi, aux premières lueurs du jour, je suis debout avec Christian et on fait le tour du camp. Le vent thermique est tombé et là, tout devient clair : on se rend à l'évidence, on a installé le camp sur le passage régulier des éléphants ! Avec le vent de sable, on ne pouvait pas deviner ! On a eu de la chance que les éléphants ne soient pas pourchassés car ils nous auraient piétinés et auraient renversé les voitures ! Quelle nuit agitée ! « *C'est la première !* » dit Christian pour mettre les filles dans l'ambiance. On se fait un bon petit déj et nous partons en reconnaissance d'un endroit plus calme pour la prochaine nuit et accessoirement d'un terrain pour l'ULM.

A peine deux kilomètres plus loin, les premières mares asséchées sont là. Christian repère un arbre et un terrain de décollage, on mettra les glacières et la table pour manger à l'ombre. Pendant que l'on déballe les affaires de camping, Christian et son copain remontent l'ULM en vue de notre programme de la matinée : deux heures de vol pour repérer les animaux. Après leur passage cette nuit, cela ne devrait pas poser de problème pour les retrouver. « *Souvent, me dit Christian, les éléphants forment deux groupes et cette nuit il y avait seulement une partie du troupeau. On devrait rapidement trouver l'autre groupe.* »

En effet, cinq minutes plus tard, Christian nous annonce par radio qu'ils sont là, juste en dessous. Nous essayons de les localiser avec la voiture : il y en a une dizaine ! Christian fait ensuite un grand tour en prenant de l'altitude pour avoir une meilleure vue d'ensemble mais il est déjà temps de refaire le plein « au cas où ». Ceci fait, je monte avec Christian. On survole les mares et les bosquets des environs car dans la journée les éléphants se cachent au milieu des arbres. « *Là-bas dans les arbres ! Il y a quelque chose qui bouge !* » Et je lui montre du doigt un groupe de six éléphants. On descend et nous volons juste au-dessus des arbres ce qui créé la panique chez les animaux qui partent affolés dans tous les sens ! « *Là, regarde ! une mère avec son petit ! Magnifique !* » Elle court vers un gros bosquet, suivie par son petit. L'éléphante lève sa trompe en l'air pour protéger le petit, signe qu'elle a bien vu notre présence et qu'elle sait d'où vient le danger. Nous faisons quelques photos et nous nous éloignons en la suivant des yeux. On prévient le copain qui arrive en voiture, il aura le temps de faire quelques photos. Quel spectacle ! Ce soir, on reprendra l'ULM pour faire un comptage, sans les effrayer. Que c'est beau d'en haut ! La nuit, malgré quelques barrissements, a été calme ce qui nous a permis de récupérer.

Le lendemain matin, les éléphants sont visibles depuis le camp : ils sont sur une mare en partie asséchée et creusent le sol avec leur trompe pour atteindre l'eau. Christian nous tente : « *Si on veut faire des photos, il faut s'approcher en marchant.* » Il me regarde, bien sûr que je suis partant ! On prend nos appareils autour du cou et on s'avance à quatre pattes pour ne pas se faire repérer. C'est parti, on marche côte à côte pendant un bon quart d'heure et les animaux n'ont pas bougé, ils sont encore à deux ou trois cents mètres. Le sol tremble et cela s'amplifie ! Au moment où je me retourne pour voir Christian, je vois une masse énorme à coté de nous. Christian me murmure : « *Ne te retourne pas et continue normalement à marcher* » Hum !!!! Je m'exécute, mais dans mon champ de vision, je vois bien un gros mâle éléphant qui marche à coté de nous, à une dizaine de mètres. Une bouffée de chaleur me traverse le corps… un sourire crispé…l'éléphant nous double puis s'éloigne tranquillement pour rejoindre le troupeau. Ouf ! Dans cette position à quatre pattes, je peux vous assurer qu'on se sent tout petit ! On s'arrête un moment, le temps de souffler et de reprendre nos esprits. Allez, on continue ! Mais quand le mâle arrive dans le troupeau, toutes les bêtes commencent à s'exciter et certaines semblent même nous regarder. La poussière monte, ils piétinent ! On s'arrête, on prend une photo tout en restant sur nos gardes. Nos regards se croisent ; il fait très chaud et il n'y a aucun abri ou bosquet à proximité, il est plus raisonnable de faire demi-tour. On entend alors le bruit du moteur 4X4 que le copain vient de mettre en route. Il a suivi la scène et a compris le danger. Cela nous rassure et on revient en accélérant un peu. Pas évident à quatre pattes ! Ouf c'est bon…On peut enfin se mettre debout et, tout de suite, on se sent mieux. On fera les cents derniers mètres debout. On entend alors les éclats de rire des filles qui sont « pliées » ! Nous, on est crevés et passons cinq minutes chacun sous le jet du pulvérisateur qui sert de douche. Une bonne bière nous remonte ensuite le moral mais surtout le physique et on rigole à pleins poumons de notre aventure de l'après-midi.

Le lendemain, on effectue un dernier survol pour finaliser le comptage : les éléphants sont plus loin au milieu des arbres, des arbustes et des grandes herbes mais il y a un troupeau de chèvres avec eux ! On compte les éléphants quand Christian me lance : « *Repère bien le coin, on va revenir en voiture, ce sera plus intéressant !* » On revient au camp, on pose l'ULM et on part tous les cinq dans le 4X4 pick-up. On reprend la direction du troupeau que l'on repère facilement grâce aux jumelles. On gare la voiture, on descend et on observe effectivement le troupeau de chèvre au milieu des éléphants. Il y a cinq ou six mastodontes en train de manger au milieu des chèvres noires et blanches et surprise, un enfant d'une douzaine d'années garde le troupeau et se trouve à une dizaine de mètres des pachydermes. Incroyable ! Pas possible ! On n'en revient pas. Cela mérite une photo mais on est trop loin ! On se regarde avec Christian : « *On y va !* » On s'approche en passant derrière les petits bosquets ; on arrive à environ cent cinquante mètres du troupeau mais il faudrait pouvoir encore avancer derrière le prochain bosquet. Ok, on y va. On s'avance d'à peine deux mètres lorsqu'un éléphant barrit et fait une première charge en notre direction.

- *Il ne nous a pas vu ?!*
- *Non !! Peut-être senti ?!*

Le vent souffle dans le sens inverse. On s'accroupit…L'éléphant balance les oreilles et fait une deuxième charge de trois à quatre mètres ! Là, il y a un problème ! On se regarde mais que se passe-t-il ?! Christian jette un œil derrière nous : On voit très bien les deux filles en tee-shirt blanc qui se sont avancées pour nous prendre en photo avec les éléphants en arrière-plan ! A la prochaine charge de l'éléphant, elles se mettent à courir et montent dans la voiture. Le copain avait heureusement déjà prévu le coup et démarre la voiture ce qui provoque le départ des éléphants. Il ne reste que le troupeau de chèvres avec son gardien et nous sommes comme deux cons ! On était à deux doigts de faire une photo unique mais ce sera pour une autre fois !

Un voyage pas comme les autres en Guinée, Sierra Leone et au Liberia

Tout semblait bien parti avec les copains du Bureau Veritas de Guinée Conakry : visas en poche et même un ordre de mission pour la construction de deux ponts, un sur le Niger, l'autre sur un affluent, le Tinkisso, près de Siguiri. On prend donc la piste avec Christine, plein Ouest sur la N5 qui longe les plateaux de bauxite. On roule sur une bonne piste en latérite au milieu de la savane arbustive jusqu'à Kourémalé, à la frontière guinéenne.   On obtient les tampons d'entrée, mais voilà qu'on nous demande une caution de 500 000 FCFA pour la voiture. Ce n'est pas dans les directives de l'ambassade…Pas question de payer une somme que l'on ne reverra jamais ! Après une bonne heure de palabres, j'annonce que je vais faire demi-tour et ils nous laissent enfin passer. La piste est belle et le paysage agréable. On dépasse Siguiri et son ancien fort surélevé. On passe le bac (où il est prévu un pont) et on arrive à Kankan. A l'entrée de la ville, on se retrouve nez à nez avec un barrage de police : visiblement, on est attendus. Vérification des papiers et passeports, tout est normal mais le policier passe d'un bureau à l'autre. Je le suis car il peut très bien poser un des passeports et partir. Ensuite pour retrouver ton passeport, bonjour ! « *Et la caution pour la voiture ?* » Rebelote et c'est reparti pour les palabres…Je montre pourtant mon ordre de mission mais c'est l'argent qui les intéresse ! Niet ! Pas question ! « *Ok, mais à Conakry, on va vous confisquer la voiture !* » Ça commence mal…

On roule et le paysage change progressivement. On longe le fleuve au début puis on traverse un second bac sur le fleuve Niger. On monte sur les plateaux où il fait déjà plus frais. Finalement, on arrive à Mamou, grand carrefour routier. On ne s'arrête pas à l'hôtel car le lieu est sale et peu accueillant, nous coucherons en brousse. De nouveau, un contrôle policier nous pose le même problème, l'argent, les palabres… et pas question de s'énerver me dit-on ! On finit par passer et nous sommes à présent sur une route magnifique, mais pleine de trous dans le goudron. On descend du plateau qu'on longe pendant une cinquantaine de kilomètres. Tiens, là-bas il y a une superbe chute d'eau ! Et là, des espaces très verts. Le paysage change aussi vite que l'état de la route s'améliore : on décide donc de s'arrêter sur un petit plateau pour planter la tente en retrait de la route. La nuit arrive et nous nous endormons sous le ciel couvert.

Dès l'aube, on reprend la route pour arriver à Kindia où la traversée du marché n'est pas des plus faciles : ça grouille de partout et de nombreuses brouettes traversent dans la rue principale. C'est impressionnant ! On s'arrêterait bien mais le temps passé aux barrages nous a déjà bien retardé.

Quand nous arrivons à la sortie du village, on fait face à un nouveau barrage où on nous laisse passer sans difficulté. Le paysage est de plus en plus vert ce qui nous change du Mali et la route est bonne mis à part que les gens conduisent comme des fous et que les virages demandent de l'anticipation ! On arrive à Conakry vers seize heures alors que c'est la relève au barrage policier ce qui nous permet de passer facilement. On sort alors les papiers des copains pour s'orienter car il ne faut pas aller dans le centre (la presqu'île). Les copains du B.V. sont installés dans une grande maison à un étage avec un jardin où l'on gare la voiture. On est très bien accueillis mais une certaine tension est palpable. Le copain nous explique qu'il y a beaucoup de vols et cambriolages en ville chez les blancs et comme la police ne fait rien, les gens se sont armés et n'hésitent pas à tirer sur les voleurs, c'est exactement cela qui vient de se produire chez lui, hier soir. Bon, je vois, notre présence ne tombe pas bien…ce n'est pas l'idéal !

- Mais vous pouvez coucher ici ce soir, pas de problème !

- Bon ok…

- Descendez vos affaires, ne laissez rien dans la voiture.

Au cours du repas, le copain ennuyé me dit :

- Ne circule pas en ville avec ta voiture car ils vont te la confisquer et même moi j'aurai du mal à te sortir de là…Ils sont vraiment pénibles et pas question d'aller sur les îles en ce moment, c'est trop tendu. Il vaudrait mieux que vous alliez sur la Sierra Leone.

- Ah bon, mais on voulait voir un peu le coin !

- Ce n'est pas le bon moment, il vaut mieux aller profiter de la plage en Sierra Leone...

- Ok…on repart demain matin…

- Je vous accompagnerai avec la voiture du Bureau : ils la connaissent bien et cela facilitera votre sortie de la ville.

Le lendemain, on suit le copain avec son gros 4X4 mais c'est le chauffeur qui conduit et nous fait passer les barrages en distribuant quelques billets. On roule vers Forécariah. Il y a des fruits partout sur le bord de la route et nous nous arrêtons acheter des bananes, des ananas et des avocats que l'on mange en roulant. A la frontière, on ne rencontre aucun souci pour sortir du pays, ouf ! On rentre ainsi en Sierra Leone où dans la file, le libanais qui est derrière moi, me glisse à l'oreille :

- Avec un billet, vous irez beaucoup plus vite !

- Oui mais pour le moment, je n'ai pas d'argent d'ici ! Le voilà qui me glisse un billet dans la main.

- On se revoit plus loin !

Effectivement, on passe sans problème avec le billet glissé dans le passeport. Il va falloir quand même falloir changer de l'argent pour continuer cette opération. Un peu plus loin, le libanais nous attend. On lui change de la monnaie (il est alors très content d'avoir des devises) et pendant que je le rembourse, il insiste : « *Il suffit de mettre un billet dans la main fermée et vous tendez la main par la fenêtre, vous n'aurez pas à vous arrêter. Je vais vous montrer au prochain barrage, suivez-moi !* » On le suit et effectivement, sa méthode fonctionne : c'est efficace et rapide. Peu après, nous voilà arrivés à Freetown, une ville pas très agréable, sale et triste. Le Grand Hôtel est impersonnel au possible, semblable à un imposant bâtiment à la russe. Direction la piste qui conduit au camp de la rivière le plus connu, le n°2. On y entre par une grande porte ornée en bois et on s'arrête dans la cour. C'est magnifique et on n'en croit pas nos yeux : la mer prend des reflets couleur émeraude et une grande construction en bois s'accompagne d'une terrasse qui sert de restaurant et de réception. Ce n'est pas le week-end, alors il y a de la place. On nous montre une chambre : un petit bungalow en bois très joli, bien équipé avec salle de bain et surtout une petite terrasse qui donne sur la plage et la mer…on a bien fait de ne pas rester à Conakry. On passera trois jours parfaits : fruits de mer au menu, baignade, plongée et balade sur la plage dans un cadre exceptionnel. On remonte même jusqu'au camp de la rivière n°1. C'est magnifique : la mer, le banc de sable blanc et juste derrière, il faut voir cette lagune transparente où se jette une petite rivière. Un vrai paradis que les équipages de la compagnie UTA (Air France) connaissent bien. On se fait même une balade en voiture le long de la côte, où l'on découvre une grande plage et une petite presqu'île aux grands arbres. Si on avait voulu, un pêcheur nous vendait des langoustes. Ces trois jours de rêve passent vite, on aimerait bien rester mais il y a le Liberia à traverser et d'après les infos, ce ne sera pas du gâteau.

On reprend donc la piste forestière qui traverse la Sierra Leone puis celle-ci se rétrécit et devient peu fréquentée jusqu'à la frontière du Liberia. Le bâtiment des gardiens est lugubre et l'accueil est plus que froid :

- *Que venez-vous faire au Liberia ? Qui vous êtes ?* » nous lance-t-on avant de regarder nos passeports.

- *On veut seulement rejoindre la Côte d'Ivoire et ensuite Bamako où on réside.*

- *Quoi ?! Quel est votre métier ?*

-*Enseignants.* Ils ne nous écoutent pas ! C'est un véritable interrogatoire…

- *Que transportez-vous ?*

- *Nos effets personnels.*

- *Bon, on va voir !*

Ils fouillent la voiture, ouvrent nos glacières, regardent sous les sièges… incroyable ! Mais que cherchent-ils ?! On garde un œil sur nos passeports qui passent d'un bureau à l'autre.

- *Où allez-vous ?*

- *A l'ambassade de France.* Je pense alors les rassurer mais rien n'y fait, on passe une heure à répondre à leurs questions avant d'entendre :

- *Bon, passez, mais dans trente kilomètres, vous aurez un nouveau contrôle et à dix-sept heures tout est fermé et vous ne pourrez plus circuler* ! Bon, on y va…. Tout ça n'est quand même pas très rassurant…on risque d'être coincés au prochain barrage et je n'ai pas envie de dormir dans leur poste qui doit être crade…

- *Qu'en penses-tu ?* je demande à Christine. *Regarde si on n'est pas suivis, on prend le premier chemin à droite, on tourne et on cherche un coin pour dormir !*

- *Ok, personne ! Là ! il y a un chemin à droite !* » sans freiner pour ne pas allumer les lumières de frein, je le prends sur les chapeaux de roues : on est un peu secoués ! On s'éloigne deux cents à trois cents mètres jusqu'à trouver une petite clairière où on peut planter la tente. On s'arrête, on mange, on montera le matériel de camping après. Là-bas, sur la route, une voiture passe et repasse plusieurs fois alors qu'à cette heure la frontière est fermée ;

ils doivent nous chercher. Ce soir-là, j'ai du mal à dormir car je tends l'oreille. Mais bon, on passe la nuit et on se fait un bon petit déj, on plie et on repart. Christine passe devant en marchant, je lui dis :

- Regarde si la route est libre !

- C'est bon, personne. Elle monte et c'est parti…Un quart d'heure plus tard, on arrive au contrôle.

- Bonjour !

- Où étiez-vous ?

- On a dormi sur le bord de la route, dans un chemin !

- On ne vous a pas vu !

- Pourtant, on y était !

- Bon ! et là, rebelote, les questions, toujours les mêmes…

- Où allez-vous ?

- A l'ambassade de France à Monrovia.

- Ok, on va vous accompagner, un officier va monter avec vous.

- Mais la voiture est pleine !

- Non, il va s'assoir sur la glacière derrière vous, pour vous surveiller.

Je comprends alors qu'on n'a pas le choix. Il monte, s'assoit et pose sa mitraillette entre nous deux : bonjour l'ambiance ! La route est bonne et on traverse des forêts d'hévéas. Il y a plein de petits pots accrochés aux troncs et on s'arrêterait bien prendre des photos. L'endroit est sûrement magnifique, mais on n'a pas la tête à ça ! Ne tentons pas le diable…On arrive à un nouveau barrage. Le militaire ouvre la fenêtre, prononce deux mots et nous passons. Le même scénario se joue au barrage suivant. J'appuie un peu sur le champignon car le goudron est excellent. On roule…A l'entrée de Monrovia, nouveau barrage, les négociations sont un peu plus compliquées, mais tout se passe bien car le militaire leur dit :

- Je les accompagne à l'ambassade de France.

- Ok, passez ! On arrive dans la ville. La circulation est fluide. Le militaire me dit :

- Tournez à droite et vous me laissez là, l'ambassade est devant vous.

Il descend et je m'avance alors jusqu'à l'ambassade…fermée ! Elle ne reçoit qu'à quatorze heure trente ! Au premier contact, je comprends qu'on n'est pas les bienvenus vu les problèmes qu'il y a en ce moment, ce n'est pas la première fois que je rencontre ce genre de situation en Afrique. Je reviens à la voiture et dit à Christine : « *Il vaut mieux se tirer d'ici !* » Christine a repéré deux échoppes où l'on peut acheter des fruits, de l'eau et du pain. Elle ne marchande même pas et nous voilà repartis direction la frontière de la Côte d'Ivoire.

On roule avec comme seul objectif d'arriver à la frontière avant dix-sept heures. Je ne me souviens même pas des paysages traversés, traumatisé par cette mitraillette entre nos deux sièges. Seize heures, on arrive. Ouf, on y est ! On descend avec nos papiers et passeports : « *Vous venez d'où ? Qu'est-ce que vous transportez ?* » Un officier saisit nos passeports quand j'indique à Christine de le suivre pendant que je vais répondre aux questions et surtout surveiller la voiture. Visiblement, ils veulent savoir si on n'a pas caché de la drogue ou des diamants quelque part. Ils vident la voiture, les glacières, démontent le filtre à air, la batterie…Tout y passe et je remonte tout derrière. Ils attaquent alors les garnitures des portes ! La situation est surréaliste mais il vaut mieux ne rien dire…Christine récupère les passeports arborant les tampons de sortie alors que l'officier qui a tout vérifié dit à son supérieur qu'il n'a rien trouvé. Ça fait maintenant une heure qu'on est là, presque à bout de forces. « *Allez, circulez !* » Arrivés à la barrière marquant la frontière avec la Côte d'Ivoire, elle se lève et le douanier, voyant nos têtes, nous crie depuis son poste : « *Vous êtes chez vous maintenant !* » Ouf ! La pression retombe et nos visages épuisés retrouvent enfin un peu le sourire. Ça y est, on est sortis de l'enfer ! On lui raconte ce qui s'est passé au Liberia et le douanier nous avoue : « *C'est comme cela avec tous les blancs ! Avec leurs diamants, ils pètent les plombs ! Allez, oubliez tout cela et bienvenue en Côte d'Ivoire !* » Ça, c'est sympa et ça remonte le moral ! On ira jusqu'à un hôtel situé à Man et le lendemain, direction Monogaga pour profiter de la plage et des langoustes. Il nous faudra trois jours pour nous remettre de cette mésaventure douanière. Heureusement, baignades, siestes et bonne bouffe nous feront oublier le sujet. Mais qu'est-ce qu'on a été foutre dans ce pays de… !

Dans les mois qui suivirent, les événements au Liberia confirmèrent bien l'état d'insécurité et la connerie de ce pays. C'est ainsi que le président fut arrêté, emprisonné et lors de son procès, on lui coupera même les deux oreilles…

Sur l'étape du Paris-Dakar

Le Paris-Dakar est un événement très prisé suivi par les maliens mais aussi par toutes les communautés étrangères sur place. En général, on va voir la course dans les dunes ou la savane mais là, à cause des problèmes liés au terrorisme, l'étape du jour passe par Tombouctou, Niono et la Spéciale finit à Markala. L'étape se prolonge par une liaison jusqu'à Bamako où l'arrivée se fait devant l'hôtel de l'Amitié à côté du Niger. Une foule impressionnante se masse sur la route et il est difficile d'approcher. On se dirige vers le parking destiné aux concurrents et à leurs tentes ainsi qu'aux camions d'assistance. Là, on trouve la première voiture de Team Espace avec qui nous avons un contact depuis Toulouse. On leur propose de venir à la maison plutôt que de rester entassés : « *Ok, mais il faut attendre les deux autres voitures et les deux camions ! »*

Donc on attend…Les deux voitures et les camions arrivent, impatients de sortir de cette foule et de retrouver un peu de calme : « *Allez, suivez-nous !* ». Quel convoi ! Tout le monde nous regarde ! A la maison, on rentre les trois voitures tandis que les camions restent dehors faute de place. On mettra un gardien supplémentaire pour les surveiller car des bandes bien organisées vidangent les réservoirs des camions qui restent sans surveillance. Ils prennent tout juste le temps de se déshabiller qu'ils sautent dans la piscine…Cris de joie, barbotage et déjà ils réclament l'apéro aux copains ! Nous, on organise la grande salle à manger pour la transformer en dortoir : trois chambres avec lits double… il faut donc cinq matelas supplémentaires.

« *Waouh, le luxe ! Super, on va peut-être rester là !* » La première bouteille de Ricard n'a pas fait un pli et la deuxième non plus. C'est bien connu, le désert, ça donne soif ! Ils sont ravis de prendre un vrai repas chaud et de ce côté-là Christine a tout prévu avec le « boy » : grillades de bœuf, saucisses et légumes, le tout bien arrosé. La soirée est très animée, on ne voit pas le temps passer dans cette super ambiance où au cours du repas, chacun raconte ses problèmes et ses aventures sur l'étape du jour.

9H30. Un des pilotes est déjà allongé sur un matelas, crevé et tombé de fatigue : « *Eh les copains, demain on se lève à cinq heures !* » C'est ainsi que l'on est passé de la fiesta…au calme plat ! A dix heures, tout le monde était couché !

Le lendemain, je me lève et prépare le café et du pain chaud. Ils prennent le petit déj dans le désordre le plus total, ça s'agite dans tous les sens ! Déjà les moteurs ronronnent et chacun enfile sa tenue sauf l'équipage du dernier camion. On ouvre les portes : « *On reviendra l'année prochaine !* » L'équipage du camion, hors course depuis l'étape précédente, nous demande s'il peut rester un jour de plus : « *Bien sûr, pas de problème !* » On prend la voiture et on part se positionner sur la piste à une cinquantaine de kilomètres de Bamako sur la route de Kayes ; on choisit un spot où il y a une succession de bosses. Quel spectacle ! Les voitures décollent en passant à une vitesse incroyable…Et qu'est-ce qu'on mange comme poussière ! Les camions arrivent et décollent eux aussi alors que leurs roues se penchent à l'intérieur ! C'est très impressionnant et on en prend plein les yeux, c'est super !

On revient à Bamako quand le chauffeur du camion me dit de faire attention car il n'a pas vu la voiture de Vatanen. Effectivement, on le croise qui roule comme un fou. Qu'est-ce qu'il fait là ?! On apprendra à Bamako qu'on lui a volé sa voiture malgré que conduire un tel engin n'est pas donné à n'importe qui. Nos deux hôtes se prélassent au bord de la piscine où ils profitent du calme. On les emmène au marché rose qu'ils adorent et où ils veulent tout acheter : tissus, masques, vannerie... Je les conduis aussi chez les artisans avec qui je travaille en formation continue. Ils achètent des objets en bois rouge et ébène. Ils se régalent. Le soir, on rentre à la maison et à l'apéro, le téléphone sonne, ce sont les copains qui sont arrivés au lac rose à coté de Dakar :

- *Où êtes-vous ?*
- *Chez Doume et Christine à Bamako.*
- *Vous ne vous emmerdez pas !*
- *Tiens, on trinque à votre santé !* Vous imaginez la réponse…
- *Salauds !*

Le lendemain, à huit heures, je leur montre le chemin pour sortir de Bamako. C'est impressionnant car il me suit à même pas cinq mètres : en fait il conduit en regardant la route au-dessus de ma voiture. Il est haut perché et peut anticiper toutes mes réactions. Mais, moi, j'ai l'impression qu'il va me rentrer dedans. Bon voilà, ils sont sur la bonne route. Je lui souhaite bonne chance et à la prochaine. Voilà un bon moment d'échanges et de partage…comme il y en aura bien d'autres avec les anniversaires, les pots de départ et les fêtes de clubs.

Avec les copains, on a passé tellement de bons moments ensemble, de sorties au restaurant, au tennis, en avion…Comme ces fois où l'on a fait du radada au-dessus du fleuve ou quand on est passé dans la main de fatma à Ombori, évité une tempête de sable et attaché l'avion pour éviter qu'il ne se renverse…il fallait que l'on organise quelque chose qui sorte de l'ordinaire pour le pot de départ de Gilbert. On a organisé plusieurs scénarios et acheté des cadeaux sur mesure.

Gilbert aime bien la musique et joue de la guitare alors on décide de faire un spectacle avec la chanson de Clo-Clo « ça s'en va et ça revient » et bien-sûr des Claudettes. Quinze jours de répétition chez Michel, tous les soirs, pendant une heure. Les femmes s'occupent des costumes : bottes à lacets qui montent au-dessus des genoux, petit short imitation soie de couleur vive, chemisier décolleté avec soutien-gorge rempli de mousse et perruques, oui tout ça pour les hommes, les Claudettes. Le chanteur sera une femme, celle de Michel. On rigole bien, mais c'est du boulot ! A côté, un copain prépare un sketch sur : « Y a-t-il un pilote dans l'avion ? » Pendant tout ce temps, je demande aux artisans, muni de photos de Walt Disney, de réaliser des miniatures d'hippopotames en bois d'ébène avec une raquette de tennis, une guitare, un ballon de volley, un avec un parachute ouvert avec ses suspentes et le dernier avec une tenue militaire. Ils ont dû recommencer plusieurs fois, mais à la fin, c'était génial (d'ailleurs ils ont eu des commandes pour 50 exemplaires). On a également fait faire un gros avion en bois sans pilote qu'on a accroché au plafond par un fil le jour de la fête. La femme de Gilbert est bien sûr de connivences avec nous.

Le jour venu, Gilbert prépare l'apéro mais ne se doute de rien. Pour que la piscine ne soit pas de la soupe, il a commandé un pick-up Pigeot 404 avec vingt pains de glace que nous balançons dans la piscine, sous les yeux des maliens qui semblent penser : « ils sont complètement fous ces blancs ! »

A dix-huit heures, Gilbert reçoit un coup de téléphone lui signalant qu'un de ses supérieurs a crevé. N'ayant pas de roue de secours, il l'attend. Gilbert hurle mais y va. Il fallait l'éloigner pour nous mettre en tenue…on se change dans les chambres et on déplace quelques meubles pour faire la scène, on installe l'écran. Tout est prêt. Gilbert arrive en hurlant car il n'a pas trouvé la personne. Entre temps, tous ses invités sont arrivés ! Il a un moment de recul et là, c'est parti…musique ! Les Claudettes dansent et Clo-Clo chante, tout le monde éclate de rire, c'est super et Gilbert se prend au jeu alors on remet ça pour la forme ! Gibert en « tombe le cul par terre », ça c'est trop fort ! On quitte les perruques car il fait chaud dessous. Le sketch de l'avion sans pilote, avec l'avion en bois pendu au plafond est super ! Personne pour piloter mais la photo de Gilbert est derrière et provoque des éclats de rire. Il est aux anges. Allez, champagne pour tout le monde ! Après un verre ou deux, on lui apporte les cadeaux. Il découvre un à un les différents hippopotames :

- *Magnifique !*

- *Tu as remarqué ? C'est toi qui es représenté avec le parachute !*

- *Incroyable !*

Il embrasse tout le monde puis l'apéro se poursuit très tard dans la soirée avec les pizzas, les quiches, la charcuterie puis les gâteaux. Encore une soirée entre copains réussie et bien arrosée.

L'année suivante, les maliens descendirent dans les rues et personne n'auraient cru que l'on passerait d'un comportement si « calme et bon enfant » à ce geste de cruauté : asperger une personne d'essence et lui mettre le feu en pleine rue, devant moi ! Cela nous a tous marqué et beaucoup de personnes demandèrent une nouvelle affectation. Et, alors que le Ministre insistait pour que je reste en poste ici, j'optais pour une affectation en Centrafrique pourtant considérée comme le « trou du cul de l'Afrique ». Seul Christian me dira : « *Tu ne le regretteras pas tel que je te connais !* »

ROISSY
SEPTEMBRE 1991

Je suis affecté à l'IFT de Bangui en Centrafrique. Muni de mon billet, je me rends à l'aéroport de Roissy pour prendre l'avion. Au moment d'enregistrer, l'hôtesse me dit :

- Vous avez annulé votre vol et vous ne partez que jeudi prochain, dans trois jours !

- Ah bon ?! moi je n'ai rien annulé du tout !

Qu'à cela ne tienne, c'est peut-être le Ministère qui a annulé mon vol donc je reste à Paris. Entre temps, je contacte le Ministère qui s'étonne que je sois encore ici. J'explique la situation mais on me répond : « *Ce n'est pas nous mais vous devez absolument partir ! ils vous attendent.* » Je reviens trois jours plus tard et me présente au guichet avec mon billet :

« *Monsieur, vous avez encore annulé votre vol.* ». Alors je demande à l'hôtesse d'appeler le chef d'escale, qui s'avère être une grande gueule qui me dit d'un ton méprisant et tout haut, pour que les gens entendent :

- Vous annulez, et maintenant vous voulez partir ?! c'est pas sérieux !

- Monsieur, je n'ai pas annulé mon vol et le Ministère non plus : est-ce clair ?

- Quoi ?! Il arrache le papier des mains de l'hôtesse et ajoute :

- Vous n'êtes pas Mme Morin Dominique avec un petit chien ?

- Monsieur, je suis Monsieur Morin Dominique et je n'ai pas de petit chien et si vous voulez je peux aussi baisser mon pantalon si vous voulez vérifier ! Dans la file derrière moi, ça rigole et le chef d'escale ne sait plus où se mettre. Il s'adresse à l'hôtesse méchamment :

- Donnez-moi, son billet. Vous ne voyez pas que ce n'est pas une femme ?!

- Pardon Monsieur, c'est une erreur de l'hôtesse. On ne savait pas qu'il y avait deux Dominique Morin.

- Moi non plus ! Mais pour l'instant je suis là !

- Oui, mais on a un problème : l'avion est complet.

- Je tiens à vous rappeler que c'est vous qui m'avez déjà retardé depuis trois jours, alors débrouillez-vous mais l'ambassade m'attend et c'est urgent !

- Ok, il nous reste une place en première.

Je vais appeler cette Mme Morin et elle va entendre parler de moi ! En attendant, me voilà en première classe pour Bangui, super ! Arrivé à destination, devinez qui m'attend à l'aéroport ? l'ambassade ? Non mais Mr Morin Jean qui se présente en rigolant et s'excuse pour ce qui est arrivé :

- Je suis le mari de Dominique Morin et elle m'a raconté ce qui s'est passé à l'aéroport alors je viens m'excuser.

- Mais vous savez que mon père s'appelle Jean Morin comme vous ! C'est bien la première fois que je rencontre une telle coïncidence !

- Puis-je vous emmener à votre hôtel ?

- Oui bien-sûr, mais je ne veux pas abuser de votre service ! En route, on fait connaissance et on deviendra de bons copains :

- Quand ma femme sera là, je vous inviterai à manger !

EN REPUBLIQUE CENTRAFRICAINE

Bangui

Bangui est une petite ville dont le centre est assez agréable et où il est très facile de s'orienter et de circuler, rien à voir avec Bamako. Visiblement, ici il y a plein de petits restos sympas. Dès mon arrivée, je m'inscris au club de tennis où tout le monde se mélange et je fais rapidement de nombreuses connaissances. Il y a beaucoup de chasseurs et donc de gens qui aiment la brousse et qui font des sorties à l'intérieur du pays. J'en profite aussi pour adhérer au club hippique, en plein boum. Je vais donc pouvoir sortir, mais cette fois, j'ai fortement envie d'avoir une moto (600 cm^3) tout terrain ou trial pour profiter au maximum de l'environnement et faire de belles balades. Seul le pharmacien a une moto et il ne sort pas de Bangui. Au club de tennis où je passe presque toutes mes soirées et où est installé un grand écran pour regarder les matchs de foot ou de rugby, je me fais beaucoup de copains dès le premier mois.

A Bangui, le fleuve est très impressionnant : les eaux sont hautes, le courant très fort et tous les bateaux restent à quai, amarrés au ponton du rock club. Je fréquente aussi un autre club avec une piscine et de grands espaces sous deux énormes manguiers où les gens viennent pique-niquer. L'endroit est très sympa et fréquenté.

De l'autre côté du fleuve s'étend le Zaïre, appelé maintenant la République Démocratique du Congo. On organise quelques sorties en voiture autour de la ville. La savane est très verte et les herbes hautes. La forêt est belle mais moins dense qu'au Gabon et on ne se sent pas prisonnier.

Deux routes goudronnées sortent de Bangui : l'une vers le nord du pays, la chute de Boali où le paysage est une alternance de savane et de forêt galerie (en moto ça doit être sympa) et l'autre, vers le sud direction Mbaïki et la forêt. Il faut que je trouve une moto, je n'ai plus que ça en tête ! Je retrouve le pharmacien : « *Attention à la moto car ici, si tu as un accident, il n'y a rien pour te soigner. D'ailleurs, il n'y a que très peu de gens qui font de la moto.* » Non, cela ne me découragera pas et je finis par trouver une Suzuki Djebel 600 en bon état. Je commence à faire de petites sorties de vingt à trente kilomètres autour de la ville pour me familiariser avec l'engin et surtout rouler sur les pistes en latérite. C'est la fin de la saison des pluies, et il y a partout des ravines plus ou moins grandes et quelques bourbiers.

Au club de tennis, Jeannot n'hésite pas une seconde à me rejoindre et fait venir une Yamaha 600 toute neuve puis c'est le tour d'une fille qui travaille à l'ambassade, puis d'un jeune informaticien… Très vite, j'organise une petite sortie de quatre-vingt-dix kilomètres sur la piste des forestiers de Batalimo où je pose les consignes : rouler calmement pour profiter de la nature et ralentir dans les villages pour ne pas écraser les poules et les gamins. Tout se passe super bien, et le soir suivant au tennis club, tout le monde veut acheter une moto ! On se retrouve ainsi avec quatre ou cinq motos et le même objectif : la balade, la sureté, la bonne ambiance et surtout pas la vitesse.

Batalimo

Entre temps, j'ai fait la connaissance d'André, un forestier de Batalimo et une personne géniale. Il nous invite à venir chez lui quand on veut alors c'est parti, j'organise la première grande sortie à Batalimo avec quatre motos et une voiture pour transporter les glacières et la bouffe. On roule tranquille à 50 km/h sur la piste, c'est génial. Dans les villages, on ralentit à 30 km/h pour éviter les poules et les gamins qui traversent. Les gens nous saluent et nous répondons de la main. La forêt, en moto, a une autre dimension. On se met debout sur les cale-pieds pour passer les trous, on rigole et on enclenche un petit coup d'accélérateur pour se faire plaisir ! Que du bonheur et visiblement, tout le monde apprécie. On arrive à la scierie où le bruit des motos a alerté André qui vient à notre rencontre. On pose les motos et la voiture et il nous fait visiter. La maison toute en bois a un superbe emplacement face à la rivière. Une terrasse couverte sur toute la longueur offre une belle vue sur la rivière Lobaye et fait face à la forêt. Que demander de plus ?! Ça, c'est un endroit qui me plaît tout de suite. C'est marrant, mais je m'y sens bien et à l'aise. André est simple, sympa et très intéressant. Sa femme l'est tout autant, mais plus exubérante. Elle arrive de Bangui avec ses filles en 4x4. Quelle belle famille ! Chez elle, on ressent une joie de vivre et le plaisir de tout partager (j'ai rarement vu cela). A côté de la maison, une grande salle est ouverte à tous vents mais entièrement couverte de tuiles de bois. Le tout est magnifique, avec une très grande table qui peut facilement accueillir vingt personnes. André me dit :

- *Si vous venez coucher ici, c'est chez vous. Vous pouvez mettre les tentes, les affaires et même les motos, elles seront à l'abri !*

- *C'est génial !* On se sent à l'aise.

- *C'est sûr, on va revenir, du moins moi.* Mais déjà, Jeannot dit aussi qu'il reviendra.

On jette un coup d'œil à la scierie et aux deux cases d'invités. L'endroit est vraiment très bien situé et agencé. Le gros de la visite terminé, on se met à table sur la terrasse de la maison et on partage tout ! C'est super sympa et André nous propose déjà plein de choses intéressantes à faire : abattage d'arbres, piste le long de la rivière, village de pygmées et même pirogue sur la rivière ! Le pied ! On est tombé au bon endroit ! Aussi, pratiquement tous les quinze jours, nous reviendrons profiter de cet accueil, de ce site extraordinaire et de ces gens très accueillants. C'est vraiment une famille hors du commun. Ce sera le point de départ de très nombreuses excursions et de souvenirs inoubliables. Je ne les raconterai pas tous, car il faudrait un livre entier.

Un jour, André me dit : « *Les caféiers sont en fleurs et ça vaudrait le coup que vous preniez la piste qui passe dedans. Vous allez vous régaler en roulant doucement.* » Le week-end suivant, je retrouve Jeannot et sa femme et nous voilà partis. On trouve la piste et quand on arrive à la plantation, on croirait être tombés dans une bouteille de parfum : on s'arrête, on enlève nos casques puis on repart debout sur les cale-pieds des motos. A 30 km/h, on en prend plein les poumons. On roule côte à côte : c'est vraiment génial ! Quel plaisir de faire de la moto dans des conditions pareilles. J'ai eu une bonne intuition d'en acheter une ! On sort des caféiers tellement enivrés que l'on ne se rend pas compte qu'on est à présent dans la forêt. Que c'est beau et la piste est très agréable. On reviendra l'année prochaine à la même période.

L'abattage des arbres

Un jour, on part en forêt en 4x4 avec André. Les bûcherons ont déjà préparé les alentours de l'arbre à abattre. André nous donne les consignes et les précautions à prendre et nous indique notamment l'endroit où il ne faut pas se mettre car, en tombant l'arbre peut soit dévier de sa trajectoire en s'appuyant sur un autre arbre ou reculer d'une dizaine de mètres. L'arbre fait bien deux mètres de diamètre : c'est très impressionnant ! André m'interpelle :

- Regarde bien Doume, car la prochaine fois, ce sera toi qui accompagneras tes copains pour l'abattage !

- Ah bon ?! Ok ça marche !

C'est impressionnant de voir, d'entendre l'arbre tomber et de sentir le sol trembler. A chaque fois que l'on va à Batalimo, André a quelque chose de nouveau à nous raconter…il est en contact avec ses ouvriers bûcherons, chasseurs et les pygmées de la forêt et je me régale à l'écouter. Cette fois-ci, il a récupéré un bébé antilope car les chasseurs ont tué sa mère pour la manger et ont capturé le bébé pour le revendre aux « blancs » qui auront pitié de lui. Ça marche à tous les coups mais il est très difficile de les garder, quand ils sont trop petits. On aura malheureusement l'occasion de constater ce stratagème plusieurs fois…

Un jour, à la saison sèche au retour d'une balade à moto en forêt, on décide de se baigner dans la rivière devant la maison. C'est super, d'autant que toute la famille d'André est là. Les filles jouent et les voir s'amuser ainsi est un vrai plaisir. Cependant, il y a un petit inconvénient : pour sortir de l'eau, il faut faire très attention car il y a des pieux en bois que l'on ne voit pas. Ils servent à stabiliser la berge mais certains sont cassés et peuvent entailler les pieds. Les enfants se sont déjà blessé les pieds plusieurs fois sur ces piquets. Alors je demande à André :

- Pourquoi tu ne fais pas une piscine flottante pour les enfants qui sont souvent dans l'eau pendant la saison sèche ?

- Oui, mais comment faire ?

- On fait comme un ponton pour accoster les bateaux : tu prends des fûts de deux cents litres étanches que tu emprisonnes dans des caissons en bois et qui font

tout le tour du bassin. Il faut laisser des espaces pour que le courant puisse passer. Regarde au Rock-club de Bangui !

- Bonne idée mais je vais en parler à mon technicien.

Son technicien est un portugais très sympa et surtout un excellent menuisier. Ce dernier saute sur l'occasion de réaliser cette piscine flottante et va consacrer toute son énergie à la mettre en œuvre. Deux mois plus tard, on assiste à la mise à l'eau : c'est pas mal mais il faut mettre un gros câble pour lutter contre le courant donc pour l'instant, elle va rester accrochée au bord. La semaine suivante, il a fait du bon travail : André n'en revient pas et déjà les filles s'éclatent dans la piscine. Fini les « bobos » en sortant ! Il faut ajouter une petite passerelle pour accéder mais ça, c'est rien. Cette piscine va leur changer la vie ! D'ailleurs elle est toujours là, avec des aménagements en plus et sa femme profite pleinement du ponton. Batalimo est maintenant un quatre étoiles avec piscine mais pourquoi pas cinq ? Elle va arriver avec la construction d'une chambre supplémentaire pour nous accueillir vu que l'on vient souvent. C'est maintenant le luxe et l'ambiance n'a pas son pareil. Merci André et toute la famille, vous êtes des « dieux ». Je ne connais pas une personne qui soit allée là-bas et qui n'ait pas apprécié les lieux et la famille d'André.

Depuis nos premières sorties, de nouveaux motards sont arrivés avec lesquels souhaitons partager notre expérience, mais attention, notre mot d'ordre est toujours : pas de vitesse excessive ! Tant que c'est moi qui organise les sorties, cette règle sera de rigueur et si certains ne veulent en faire qu'à leur tête, je ne les accepterai pas, tant pis ! Cela me vaudra quelques remarques désagréables. A la saison des pluies suivante, André nous prévient :

- Faites attention sur la piste car il y a deux bourbiers : un relativement facile mais dans l'autre de deux cents mètres, il y a entre quarante et soixante centimètres d'eau et de grosses ornières.

- Chouette, on va pouvoir s'amuser et tester nos talents !

On part à quatre motos et la Suzuki 4x4 de Jeannot que sa femme conduit. On prend une bonne corde « au cas où ». On franchit le premier bourbier sans problème et on arrive au second qui semble déjà plus sérieux et nous secoue un peu. On s'arrête pour mesurer « les dégâts » quand une deux-chevaux Citroën arrive et s'engage à son tour dans le bourbier. Les passagères, deux bonnes sœurs nous font coucou par la fenêtre sans même s'arrêter. Ce sont deux sœurs de la mission qui se trouve en pleine forêt où nous sommes allés voir une superbe messe chantée par les locaux. La « deux-deuche » glisse, se met en travers, glisse de nouveau et sans s'arrêter, elles finissent par passer : quelle maîtrise ! Allez à notre tour, qui passe le premier ?! A ce moment, on ne se bouscule pas… Le copain le plus aguerri en moto s'engage, l'eau monte au-dessus de ses pieds et recouvre le haut de sa roue avant. Ça glisse alors il donne deux ou trois coups de pieds dans l'eau pour rétablir l'équilibre et arrive de l'autre côté. Ça va être dur mais à moi maintenant ! Je vais essayer de passer plus sur la gauche car visiblement il y a moins d'ornières : c'est parti ! Ça va, ça glisse un peu et moi aussi je suis obligé de donner du pied à droite et à gauche. Je me mets en travers, j'accélère (et au passage j'en prends plein la figure) mais j'arrive à passer. Quelle sueur ! Ces deux cents mètres m'ont paru interminables ! Allez à toi Jeannot ! Mais Jeannot veut passer à droite. Il tombe dans une grosse ornière, cale et reste debout les pieds dans l'eau. Il réussit à redémarrer et après deux beaux travers, réussit lui aussi à passer. Ouf ! La quatrième moto passe sans problème. Il reste la voiture avec les deux filles et il nous faut donner de la voix pour les décider à s'engager dans le bourbier : « *Surtout tu ne t'arrêtes pas, tu restes en première et tu accélères toujours !* »

La Suzuki s'engage, l'eau monte au niveau haut du capot, elle paraît minuscule la petite Suzuki, c'est presque plus impressionnant que les motos ! La voiture pousse devant elle une petite vague et il ne faut surtout pas s'arrêter pour éviter de prendre le retour de la vague qui bloquerait l'arrivée d'air et remplirait le pot d'échappement. Ça glisse, la voiture se met un peu en travers mais sous les applaudissements, les filles arrivent à passer : « On a eu chaud ! » On reprend la route jusqu'à Batalimo où André nous attend avec impatience. Apéro ! Tout le monde rigole quand on lui raconte les bonnes sœurs en « deux-deuche ». Apparemment, elles ont l'habitude !

Après un bon repas, on redémarre à quinze heures car il faut penser au retour et on veut traverser le bourbier tant qu'il fait jour. Le copain laisse sa moto tandis que sa femme monte dans la Suzuki : ce coup-là, la voiture passe la première et traverse sans difficulté. La femme du copain s'engage en moto et, en plein milieu, glisse, perd l'équilibre et la moto tombe dans l'eau. Vite ! On saute dans l'eau. Moi de mon côté et son copain de l'autre.

On relève la moto, et tous les deux, la poussons pour la sortir de là. Il faut maintenant que je retourne de l'autre coté à pied et c'est pas marrant de marcher là-dedans. Je n'ai pas le choix… De l'eau au-dessus des genoux, je reviens à ma moto. Jeannot passe à son tour en prenant à droite pour éviter les grosses ornières et passe sans difficulté. A moi maintenant ! Je suis trempé et les jambes un peu tremblantes, je traverse également en passant bien à droite. Ouf, j'ai eu chaud ! Le dernier copain s'engage et veut essayer le passage à gauche. Il glisse et tombe dans une ornière. Il cale mais redémarre et avec les deux pieds dans l'eau il finit par passer. On essaie alors de faire redémarrer la moto noyée. Dur…dur…On la penche pour faire sortir l'eau…on kick, on kick…elle tousse et finit par démarrer ! Bien joué ! Nous repartons et traversons le second bourbier presque sans nous en apercevoir tellement celui-ci est facile. Le retour au bercail se fait dans la joie, la bonne humeur et le calme. Le soir, au tennis club, tout le monde attend :

- Alors, comment ça s'est passé ?

- C'était génial et on a bien rigolé !

La semaine suivante, les autres motards voudront eux aussi tenter l'expérience, accompagnés par le 4x4 Nissan Patrol. Celui-ci voudra passer le premier pour montrer le chemin et se plantera en plein milieu. Ne pouvant pas s'en dégager, le bull d'André devra venir le sortir ce qui gâchera leur sortie. Après cet épisode, André décidera de remblayer ce passage avec de la latérite. Zut alors ! On aurait pu faire une dernière traversée !

Avec sa nouvelle moto Suzuki 600, Christine veut tester ses capacités à conduire sur piste mouillée : on va donc tous les deux à Batalimo le dimanche matin. Il n'a pas plu la nuit précédente et la piste légèrement humide est en parfait état ! Un régal, avec la roue arrière qui dérape un peu de temps en temps on a de très bonnes sensations de motard. Ici, plus de bourbier mais seulement de petits passages où il faut bien sûr faire attention. Et comme une championne, elle arrive toute fraîche à Batalimo. On mange avec la famille et au moment de repartir, l'orage arrive et il est impossible de prendre la moto sous une pluie pareille. André propose :

- Passez la nuit ici et demain vous partirez !

- Ok, mais Christine travaille et a sa classe à neuf heures.

- En partant à sept heures, ce devrait être bon !

- Ok, on n'a pas le choix !

On passe la nuit chez André et dès sept heures les moteurs ronronnent. Il tombe encore quelques gouttes mais tant pis on y va ! André tient à nous rassurer :

- Ma femme emmène les filles à l'école. Si tu as un problème, laisse la moto, je viendrai la chercher et Christine partira avec elle. Je prépare le tracteur forestier et un ouvrier au cas où !

On part, la piste est glissante et on roule doucement pour mieux anticiper les petits dérapages ; tout se passe bien sur les dix premiers kilomètres. Là, un arbre est couché en travers de la piste. Je descends et regarde si on peut l'éviter en passant dans la forêt. Impossible, la végétation est trop dense et les fossés pleins. Je regarde si on peut faire passer les motos au-dessus. Non, trop dur…Zut ! Quoi faire ?! Un bruit derrière nous…C'est le tracteur d'André qui arrive ! Broum…Broum…La tronçonneuse démarre et en moins de deux, l'arbre est dégagé pour nous permettre le passage. On repart mais il y a de la boue partout et en moto, on en prend plein la combinaison, le casque et on devient méconnaissables, comme si on s'était roulé dans la boue rouge de la latérite. On roule doucement et malgré quelques petites frayeurs et dérapages, on finit par arriver au goudron. On met un peu les gaz (mais pas trop car ça éclabousse de partout) jusqu'à l'entrée de la ville. Je regarde l'heure : 8H45. Je dis à Christine :

- Tu n'as pas le temps d'aller à la maison pour te changer !

- Oui, mais qu'est-ce que je fais ? Tu peux aller me chercher mes vêtements à la maison ?

- Oui, mais avant, je t'accompagne jusqu'à l'école !

On arrive au portail de l'école couverts de boue ! Les élèves sont là, les yeux écarquillés. Qui sont ces deux monstres ?! Christine quitte son casque, ses élèves la reconnaissent. Ils crient de joie, sautent et l'acclame, c'est l'euphorie ! Christine ouvre le portail. Le proviseur, alerté par les cris, arrive et se fige, bouche bée. Christine lui résume la situation mais les élèves entourent la maîtresse et lui font la fête : « *Christine ! Bravo ! Christine ! Bravo !* » Le proviseur est médusé. Il n'a pas bougé, comme paralysé et il me regarde. J'ai gardé mon casque et comme il ne me reconnaît pas, je lui fais un signe de la main. Je suis déjà entouré par une foule de grands qui m'ont reconnu et m'acclament à mon tour ! Je redémarre sous les cris de joie et arrive à la maison. Je me change en vitesse, je fais une toilette de chat, je mets les vêtements de Christine dans un sac et reviens à l'école. Je lui donne alors qu'elle a déjà tout prévu : un petit exercice pour occuper ses élèves pendant qu'elle va aux toilettes pour se laver et se changer. Quand elle revient, je lui laisse les clés de la voiture et je ramène la moto à la maison. Moi, je n'ai pas vu, mais à la « récré » toute l'animation portait sur la classe de Christine « la motarde ». Elle s'en souviendra longtemps.

*Les chutes de Lancrenon
à la Frontière du Cameroun*

Les chutes de Lancrenon : mais où sont-elles ? Vous ne les trouverez pas sur les cartes car elles sont inconnues du grand public. Lors d'une sortie en 4x4, on part rendre visite au Père Michel à Sibut, dans sa mission super bien aménagée. Il possède un piton de neuf mètres de long, qu'il adore poser sur les épaules de ses visiteurs pour la photo. Quelle sensation bizarre ! Il me prend à parti et me dit :

- Tu te balades beaucoup en moto, et c'est bien ! Mais si tu veux faire une balade qui sort de l'ordinaire alors va aux chutes de Lancrenon.

- Ok, mais c'est où ? Il m'indique les noms des villages et les points de repère.

- Après, il faut demander aux gens le passage pour le Cameroun, ou tu suis les contrebandiers qui passent la frontière en vélo : tu les reconnaîtras facilement avec leurs vélos très chargés, le matin dans un sens, le soir dans l'autre. Mais attention, toi, ne passe pas la frontière ! Tu connais les Camerounais !

- Bonne idée, on va organiser ça avec les copains !

Il me faut un bon mois pour trouver les informations et les cartes IGN de la région, repérer les villages et les pistes à prendre, estimer les distances et les points de ravitaillement en essence, mais aussi en eau et bière. Pour la bouffe, on a l'habitude ! Je prépare une expédition de quatre à cinq jours à prévoir avec les vacances. Jeannot et sa femme sont partants et leur voiture servira la logistique. L'informaticien suit aussi, sa femme alternera en moto derrière l'un de nous et la Suzuki de Jeannot. Bonne équipe !

On part à neuf heures, direction plein nord sur la RN4 direction Damara, puis on bifurque à gauche sur Bouca où nous passerons la nuit dans les bâtiments de la société cotonnière. Le lendemain, nous voilà sur la grande piste jusqu'à Batangafo. Là, l'aventure commence. Objectif : chercher la piste de Ouago. La plupart des villageois ne parlent pas français mais surtout ne le connaissent pas ! Un groupe se forme autour des motos et une personne nous indique la bonne direction : « *Attention, cela va être compliqué pour la voiture, c'est un chemin pour deux-roues !* » En effet, la piste n'est pas très pratiquée sauf par les vélos, mobylettes et charrettes à âne et c'est un régal en moto ! Nous, on s'éclate et en effet, c'est la galère pour la voiture : des ravines d'un mètre de profondeur, de grandes herbes cachent le chemin. En moto, on fait plusieurs fois l'aller-retour pour attendre la voiture. Pendant deux heures, on la guide : à droite, à gauche ! Des fois même, on la soutient pour qu'elle ne bascule pas sur le côté ! Ouf, on arrive finalement en haut du plateau où la piste s'améliore un peu… Un village à l'horizon… La première moto y arrive et nous fait signe que l'on est sur la bonne piste. Celle-ci se rétrécit au milieu des grandes herbes. On fait un passage en moto, debout. On revient et on se met côte à côte devant la voiture, debout sur les motos, on voit bien où l'on va. Tiens un vélo chargé ! Le père Michel m'avait bien renseigné ! Puis un second puis un autre en mobylette. On arrive sur le haut de la colline quand on entend un léger grondement et où l'on distingue une sorte de nuage. Ce sont des embruns d'eau qui tombent ! Youpi, on y est ! On gare les motos et la voiture sur le côté et partons faire une petite reconnaissance avec Jeannot : les chutes sont là ! Il faudra approcher mais pour l'instant, on cherche un endroit où installer le camp tout en ayant une belle vue sur les chutes. On trouve un parfait petit coin de savane avec un gros arbre pour se mettre à l'ombre, à dix mètres de la piste. On se détend un peu, puis on descend en bas des chutes. Quel régal ce bain dans l'eau bien fraîche et ça fait du bien de se laver un peu ! La lumière n'est pas idéale pour les photos, on est à contre-jour. La nuit commence à tomber mais les vélos chargés continuent leur manège. On termine cette journée par un apéro bien mérité, un bon repas et la nuit sous la tente.

Au lever du jour, on est réveillés par les gens à vélo qui parlent. On prend un bon petit déj puis on part pour une balade à pied face aux chutes. A la saison des pluies, elles sont réputées encore plus belles mais la piste doit être impraticable. Les vélos passent. Tiens, si on les suivait en moto ? Bonne idée, on y va ! Les femmes montent à l'arrière des motos. La piste est bonne, on passe sur un petit pont de pierre puis la piste remonte vers le haut du plateau. C'est assez agréable. On se retrouve tout d'un coup au milieu des cases d'un village. Bizarre, on n'a pas vu de poste frontière. Les gens semblent très étonnés de nous voir ici. Je m'arrête et demande :

- *Où on est ?* La réponse est nette :
- *Au Cameroun !*

- *Quoi* ?! et la personne me montre les policiers, là-bas au bout de la piste. Ces derniers, sûrement alertés par la population se dirigent vers nous. Allez, demi-tour et vite on décampe car on est au Cameroun ! Vroum…vroum, on fait demi-tour et on rebrousse chemin. On a évité l'arrestation de justesse ! Les policiers se sont mis à courir et crient : « *Arrêtez-vous !* »

On passe le pont qui visiblement représente la frontière, on remonte sur le plateau et on arrive au camp. De là, on entend les policiers qui arrivent à leur tour au niveau du pont et s'arrêtent. Ça discute ferme ! Dix minutes plus tard, on entend leurs voix qui s'éloignent. Ouf, on l'a échappé belle ! On attend un moment puis on redescend prendre un bain en bas des chutes. Après discussion et connaissant les camerounais, on décide de lever le camp après le repas pour aller s'installer sur le plateau à une dizaine de kilomètres pour éviter une visite dans la nuit. L'emplacement trouvé est génial, près de la piste, mais dominant tout le plateau et la plaine devant nous. Et comme le soir précédent, les vélos reprennent leur ballet avant la tombée de la nuit.

Le lendemain, on redescend du plateau mais cette fois-ci debout sur les motos. C'est le pied ! La voiture suit les traces laissées et on arrive sans encombre à la grande piste. On est seuls alors on peut rouler de front, côte à côte et à cinquante km/h, c'est que du plaisir. Au bout d'un moment, Jeannot met les gaz et roule maintenant à trois cents mètres devant nous. Là-bas, on voit un troupeau de zébus qui s'apprête à traverser la piste devant Jeannot. Qu'est-ce qu'il fait ?! Le troupeau se bouscule, traverse et notre Jeannot disparaît ! Où est-il ?! Lorsqu'on arrive, les derniers zébus traversent là où Jeannot est à terre avec sa moto ! Heureusement, il rigole. Il n'a rien et en se relevant il nous dit :

- *J'ai cru que j'avais le temps de passer avant eux ! Mais au bruit de la moto, ils ont accéléré et j'ai été obligé de m'arrêter, et là, dans la bousculade, ils m'ont renversé !*

- *Heureusement qu'après, ils ne t'ont pas piétiné !* Sa femme descend de voiture :

- *Tu avais besoin de passer ?! Tu ne pouvais pas attendre ?!*

Grands éclats de rire : ça, c'est Jeannot ! Mais il n'a rien et on repart en rigolant. Il commence à faire chaud et l'eau commence à manquer. A Bozoum, on pourra traverser la rivière pour acheter de l'eau et des fruits.

Zut, le bac est en panne et le village est à deux kilomètres de la rivière. Le copain a une idée : « *On va mettre une des motos sur une pirogue et je vais y aller.* »

On se fait aider et voilà la moto sur la pirogue mais elle ne tient pas sur la béquille car ça penche trop. Le copain monte sur la moto et met les deux pieds de chaque côté sur les bords de l'embarcation. « *Hum ! Fais attention ! Pas de faux mouvement !* »

Il traverse et une demi-heure plus tard, revient de l'autre côté avec un pack d'eau mais il est tout seul avec le piroguier pour monter la moto. Heureusement, des gens arrivent et à quatre, l'aident à hisser l'engin. Debout dessus, il traverse. Les yeux rivés sur la pirogue, on attend avec impatience puis on se précipite pour l'accostage et stabiliser la pirogue. « *Bravo !* » Et nous voilà partis boire un coup dans un éclat de rire et de joie.

On roule de nouveau et Jeannot ne veut plus passer devant. On décide de changer d'itinéraire pour voir autre chose. On va donc passer par Bossangoa où nous pourrons dormir dans la concession de la société cotonnière dont je connais le patron, un français copain de Jean Morin. On roule et arrivons à destination.

Après une bonne nuit, nous reprenons la piste. Nous sommes seuls à part les poules, les ânes et quelques villageois à pied. La piste est excellente et on fait une bonne moyenne de cinquante km/h quand le temps commence à se couvrir et à devenir menaçant. On atteint Bossembele avec les premières gouttes et avant d'arriver à la sortie du village, l'orage éclate et nous force à nous mettre à l'abri sous une paillotte en bord de piste. Une heure plus tard et l'orage passé, on reprend la route mais il y a une barrière de pluie à la sortie du village : l'agent veut bien nous laisser passer mais pas la voiture. Il nous faudra attendre une heure de plus ! On peste ! Finalement la piste est meilleure. On passe un gros village, on traverse une forêt galerie quand un torrent de boue dévale la colline. Je freine mais trop tard, la roue avant glisse au milieu du torrent et me voilà par terre avec l'eau et la boue qui me passent dessus. Je n'ai pas le temps de lever la tête que Jeannot arrive et comme il n'a rien vu, il me passe à côté, m'asperge et je prends la vague de son passage en pleine figure. Jeannot s'arrête dix mètres plus loin, hilare. Je me relève tandis qu'il vient m'aider à sortir la moto juste avant le passage de la prochaine et de la voiture. Je suis couvert de boue et après un premier

lavage dans le ruisseau, je finis avec une bouteille d'eau. Jeannot rigole :
« *Pour une fois, ce n'est pas moi !* »

On rentre à Bangui avant la nuit comme prévu.

La pointe Sud de la R.C.A

&

La réserve WWF de Bayanga

Bayanga est la petite ville la plus au sud de la Centrafrique. Cette région est très connue par la présence de la réserve du WWF, située en pleine forêt à la limite de la frontière avec le Congo. Au milieu de la forêt se trouve une saline où tous les gros animaux d'Afrique se retrouvent pour boire et manger le sel. Depuis Bangui, il y a la grande route, longue et sans intérêt particulier. Aussi, André nous conseille de prendre la piste par Ngoto : *« Vous ne serez pas déçus ! Même s'il y a des passages délicats, pour vous cela sera un plaisir. Vous verrez c'est beau, varié et parfois, plein de surprises. Prenez le temps d'observer. »*

On a une semaine de congés, alors avec Christine, on prend le 4X4 Suzuki, le matériel et nous voilà parti seuls, les autres hésitant à nous rejoindre. J'ai récupéré les cartes IGN de la région et tracé les pistes au crayon… il ne faudra pas se planter dans les directions.

On roule sur le goudron jusqu'à Mbaïki, où l'on refait le plein et où l'on quitte la Nationale. Nous prenons une très belle piste qui suit la vallée de la Lobaye que l'on traverse sur un pont flottant. De grosses billes de bois sont accrochées les unes aux autres, sans se toucher, pour laisser passer le courant de l'eau. Elles sont recouvertes d'un platelage en planche qui sert de bande de roulement ; le tout est amarré avec des filins d'acier accrochés à deux gros arbres en amont. C'est la première fois que nous passons sur un pont flottant, c'est très impressionnant. Ce système génial et intéressant a été réalisé par un forestier. On s'arrête et on prend un café. Quinze kilomètres plus loin, on traverse à gué un petit ruisseau où il y a des milliers de papillons : nous n'avons jamais vu une telle concentration ! En fait, ils viennent pondre sur les bords du ruisseau, c'est magnifique et surprenant.

En repartant, on est obligés de traverser ce nuage de papillons sur plus d'une centaine de mètres : essuie-glaces obligatoires mais attention à surveiller la température de l'eau ! Trois kilomètres plus loin, on retrouve le ruisseau où coule une eau très claire. On s'arrête et j'en profite pour nettoyer le radiateur qui est complètement recouvert de papillons morts. Je fais le ménage et il y en a… ! Tiens, une voiture arrive…un gros Nissan Patrol passe sans s'arrêter, nous ignorant complètement. Un gros « connard ». En forêt, quand il y a quelqu'un arrêté, on s'arrête toujours pour demander si les gens ont besoin d'aide ; encore un qui se croit plus fort que les autres ! On redémarre et nous rentrons maintenant dans la forêt de Ngoto.

« Prépare-toi ! il va y avoir du sable surtout dans la montée pour atteindre le village. » avait dit André. Pour l'instant, nous roulons dans la forêt sans mode 4x4 et ça passe assez bien, même dans les virages où le sable s'est accumulé. On roule et là, à la sortie du virage, le gros 4x4 est arrêté au milieu de la piste, le capot ouvert et le conducteur hurlant les bras en l'air. On le double péniblement car il occupe toute la piste et on s'arrête : il a chauffé ! Je lui montre son radiateur couvert de papillons, ce qui n'a pas l'air de l'intéresser… Malheureusement, on ne peut rien faire. Il faut attendre que ça refroidisse et il en a pour un moment ! On va prévenir le village quand même. On repart et à la sortie du virage, on voit la grande montée avec le sable. On s'arrête, je recule pour prendre un peu d'élan, je passe en 4x4 et on bloque les différentiels sur les roues avant. On jette un coup d'œil : ça va être coriace ! Il faut surtout essayer de ne pas s'arrêter…Allez c'est parti !

Première puis seconde et on monte un peu les tours. Titine, la petite Suzuki grimpe, glisse et se met en travers, mais j'évite de contrarier le volant. On dérape mais ça passe et on arrive en haut en sueur : « *Bravo Titine t'es la meilleure !* » Ouf, on a eu chaud mais d'après André, on a franchi le plus dur. Quand on traverse le village, les enfants crient à notre passage et courent derrière la voiture. Ici, ils vivent de la cueillette et de la chasse et visiblement, ils ont ce qu'il faut ! La dernière petite montée en sable nous mène à la sortie du village avant de redescendre vers la rivière Lobaye sur une piste étroite en latérite. En bas, il y a un bac pour traverser. Nous voilà en train de négocier.

Ce bac utilise uniquement la force du courant de la rivière, au moyen de deux câbles tendus de chaque côté entre les berges : le système est intéressant quand le courant est suffisamment fort. La rivière est magnifique et l'eau transparente, ça donne envie de faire une descente. Si j'avais eu quelques renseignements sur les quarante kilomètres de longueur, je crois qu'on aurait essayé mais même les forestiers ne connaissent pas le parcours de la rivière ! A la descente du bac, surprise ! Devant nous débute une autoroute en terre ! C'est l'ébauche de la transafricaine prévue par la Banque Mondiale qui devait relier l'Afrique de l'Est à l'Afrique de l'Ouest. L'ancien

Président Bokassa avait commencé les travaux, mais il a été le seul. Incroyable. On roule à présent sur une plateforme de vingt mètres de large toute droite sur trente kilomètres, puis la piste se resserre et on se retrouve sur une piste normale. On dirait presque une piste d'avion en pleine forêt ! C'est quand même un gâchis indescriptible ! On roule. La piste traverse de nombreux petits villages où les centrafricains sont mélangés avec les pygmées, excellents chasseurs. On en croise avec leur arbalète à la main et de petites antilopes qu'ils ont tuées. On mange sur le bord de la piste sous un gros arbre. Le paysage change, alternant paysages de forêts et de savanes : c'est super ! Au croisement de la grande route N10 à Katapko, là, on descend plein sud.

La piste est belle. On croise beaucoup de petites huttes de pygmées. On a envie de s'arrêter partout mais il faut arriver avant la nuit à la scierie de Bayanga pour pouvoir entrer dans la réserve. On file.

- Roule doucement, ils sont supers ! » me dit Christine.

- Ok, mais on reviendra.

C'est en fait la région où les pygmées n'ont pas encore été colonisés par les africains ni gaspillés par les Blancs, ils ont gardé leur traditions et coutumes. Nous roulons et arrivons enfin à Bayanga à la tombée de la nuit ; nous nous arrêtons à la case de passage de l'ONG qui gère la réserve et nous accueille avec plaisir. Pas question d'aller plus loin.

Le lendemain matin, on passe à la scierie pour leur dire qu'on est bien là. Nous reviendrons ce soir, car on veut aller à la saline : « *Ok, prenez ce guide, il va vous montrer le chemin et vous accompagner.* » Christine prend un papier et va noter les points de repère et les croisements avec le kilométrage pour pouvoir y revenir seuls ensuite. On arrive à un endroit qui sert de parking, on gare la voiture. La forêt n'est pas très dense, entrecoupée de petits morceaux de savane et de zones inondées. On patauge un peu sur cent cinquante mètres et arrivons à une petite montée où le chemin prend la forme d'une mini galerie. « *Chut !!! nous dit le guide, à partir de là, il peut y avoir des éléphants !* » (On en fera l'expérience seuls, lors d'une autre visite). On avance doucement jusqu'à distinguer un espace plus clair : la saline apparaît alors entre les arbres. On entend même les éléphants. Devant nous, sur le gros arbre, le guide nous montre une échelle en rondins de bois qui monte vers une plateforme :

« *Vous montez doucement jusqu'à la plateforme, sans vous arrêter.* » On monte et on ne peut s'empêcher de jeter un coup d'œil : c'est magnifique ! E encore plus depuis la plateforme : quel spectacle incroyable ! Ici, un groupe de cinq éléphants qui semblent patauger. Là-bas, un autre groupe dont un qui se chamaille avec les autres. Là, un gros mâle solitaire et tout ça, même pas à cent mètres de nous. Là des buffles, des phacochères, des antilopes et le fameux bongo[7] que les chasseurs veulent avoir à leur tableau de chasse. On reste scotchés devant ce tableau : je n'aurais jamais imaginé une telle concentration d'animaux sur un espace si réduit. On reste sur la plateforme toute la matinée, à admirer les animaux qui s'ébattent devant nous. Depuis, Nicolas Hulot est venu et vous avez sûrement vu cet endroit avec une espèce de tube tendu en l'air qui traverse la saline en hauteur et qui gâche le naturel de ce lieu formidable. Le guide veut maintenant nous montrer autre chose mais on reviendra, c'est sûr ! On descend de l'échelle et empruntons un petit sentier à une dizaine de mètres de la lisière pour ne pas être vus. Au niveau d'un petit étranglement de la saline et découvrons ce qu'ils appellent « la petite saline », moins large et allongée. Ici, pas d'éléphant mais des buffles, des antilopes et des grandes herbes. Le guide précise :

- *C'est là que très souvent on voit le gorille.*
- *Ah bon ? Aujourd'hui, il n'est pas là mais c'est pas grave, on reviendra.*
- *Tu te souviendras du chemin ?* Je hoche la tête.

On revient en arrière avec l'envie de remonter sur la plateforme mais le guide nous fait signe de rentrer à la scierie. Ok, on revient à la voiture et j'essaie de visualiser et de mémoriser les différents points sur le chemin et ensuite sur la piste pour pouvoir revenir. A la scierie, on est très bien reçus et nous passons une très bonne nuit au calme mais l'ambiance n'est pas aussi décontractée qu'à Batalimo.

Le lendemain matin, on reprend la piste sans le guide mais grâce nos repères on arrive au bon endroit. On remonte à la plateforme d'où on observe à peu près les mêmes scènes que la veille : les éléphants, dont deux se battent. Là, un tout petit dans les pattes de sa mère, mais aussi deux très beaux oiseaux (dont j'ai oublié le nom mais dont les plumes changent de couleur avec la pluie). Au bout d'une heure, on redescend pour aller à la petite saline. Par le même chemin, nous arrivons à la lisière. « *Là ! Regarde, le gorille !* »

Énorme et superbe avec son dos argenté, il est confortablement assis dans l'herbe et mange des tiges d'asparagus ou est-ce du papyrus ? On dirait qu'il les épluche pour ne manger que le cœur. On reste là bien une heure à ne pas bouger, on a vraiment de la chance ! Des buffles arrivent et semblant le déranger, il s'en va tranquillement sur ses deux pattes arrière et retourne dans la forêt. Quel super moment ! On revient à la grande saline et on monte de nouveau sur la plateforme. C'est vraiment beau de voir tous ces animaux vivre tranquillement alors que l'on est là à cinquante mètres. « *Regarde, un éléphant n'a qu'une seule défense ! Soit il l'a cassé en poussant un arbre (ce qui est peu probable), soit ce sont les braconniers qui ont été surpris et n'ont pas eu le temps de couper la deuxième.* » Au bureau des guides, on nous confirmera cette dernière version. Quand va-t-on interdire la vente d'ivoire, des cornes de rhinocéros, du poil de girafe et des peaux de panthère ?! On revient à la scierie et décidons de prendre la route pour nous avancer « au cas où » et pour pouvoir s'arrêter faire des photos. On va pouvoir repérer les différents villages de pygmées et les coins intéressants pour une prochaine expédition.

On roule dans la savane, on s'arrête pour la photo puis on cherche un coin de savane avec un gros arbre pour planter la tente à une centaine de mètres de la piste. On s'endort avec l'envie de rêver de tous ces animaux !

Le retour sur Bangui se fait sans aucun problème et nous apprécions encore plus cette piste avec sa forêt, son sable, (mais en descente donc facile), les traversées de rivière. C'est une superbe balade, un voyage dans un autre monde.

[7] Bongo : Antilope rousse rayée de blanc

Le même voyage...
mais avec tous les motards

A Bangui, de nouveaux motards arrivant du privé ont acheté des motos Yamaha 125 cm³ et sont partants pour les balades. Mais pour les connaisseurs, dans les bourbiers, dans le sable ou sur des grandes distances, ces petites motos sont très fatigantes. Bon on verra bien... Deux mois plus tard, Jeannot me contacte et me dit :

- Les Libanais et les nouveaux veulent organiser une sortie moto sur Bayanga et comme tu connais bien la piste, j'ai pensé à toi : on pourrait les accompagner ? Qu'en penses-tu ?

- Pourquoi pas ! Mais, il faudra mettre les points sur les i ! Étant donnée la piste que nous avons prise, avec le sable et la distance ça ne va pas être du gâteau, même pour nous ! On va en baver mais je suis partant ! Les Libanais s'occupent de la logistique (et on peut leur faire confiance de ce côté-là), *peux-tu t'occuper du road book ?* demande Jeannot.

- Bien sûr, mais il faut que je mette ça sur le papier. Il faudra prendre des contacts avec les forestiers du coin. Ont-ils des connaissances sur le trajet pour les bivouacs ?

Deux jours plus tard, Jeannot, fier comme Artaban, me dit qu'il n'y a aucun problème. Ils connaissent deux points de chute sûrs et pour la logistique, si chacun amène sa tente, ils s'occupent du reste. Parfait ! De mon côté j'ai commencé à faire le road book et même des cartes détaillées. C'est déjà une sacrée expédition : quatre cents kilomètres aller de piste dont au moins cinquante avec du sable mou ! Huit motos dont deux de 125 cm³, trois pick-up 4x4 et une Toyota châssis long. Les road book sont faits et distribués ; les Libanais ont très bien organisé la logistique. On attend donc un week-end de trois jours.

Le jour venu, on part à huit heures trente en convoi jusqu'à Mbaïki, où l'on refait le plein. On prend alors la piste et j'ouvre le chemin jusqu'au pont flottant où on fait une pause-café. J'en profite pour expliquer le fonctionnement du pont. Tout va bien, même si les jeunes commencent à fatiguer sur leur 125. Hum pas bon ! Ils n'ont jamais fait de grands trajets et sur la piste, les vibrations sur leurs petites « bécanes » les fatiguent. Dans vingt kilomètres, on arrivera dans le sable mais pour l'instant on va traverser la forêt. Attention aux ravines : on fait un check-point tous les dix kilomètres. Ok pour tout le monde ! Dans une descente, un des jeunes rentre dans une ravine et en voulant en sortir, perd le contrôle de sa moto et tombe ! Il est bien sonné mais n'a rien de cassé. Ouf ! On attache la moto sur le pick-up tandis qu'il monte dans un 4x4. On arrive dans le sable où ça devient un peu ardu pour les motos (surtout pour Jeannot). Jusqu'à la grande montée de Ngoto, ça va être la galère pour tout le monde, moi le premier : deux travers et deux chutes mais sans gravité. On remonte. On s'encourage. Jeannot peste comme un malade. Les quatre premières motos traversent ainsi que le premier pick-up qui passe en force. La seconde 125 n'a pas fait cinquante mètres que le jeune est complètement épuisé. On monte la moto sur le second pick-up qui passe en force avec un épais nuage de fumée noire. Le gros Toyota ferme la marche et avec la puissance, passe sans problème. Notre arrivée au village provoque un attroupement des villageois, des enfants et des pygmées qui ont entendu le raffut. On se détend un peu en se désaltérant. « *Le plus dur est fait ! Il reste deux cents mètres de sable et après c'est la descente vers la rivière. Évitez les ravines ! On se donne rendez-vous au bac !* »

Une demi-heure plus tard, toute notre équipée traverse sur le bac et on fait un pique-nique sous un arbre de l'autre côté. Tout est bien organisé, les deux jeunes ont récupéré et tout le monde est ravi d'avoir fait le plus dur.

- *Maintenant, ce sera de la bonne piste et vous aurez même droit à une autoroute !* Tout le monde rigole et reprend des forces. Avant de repartir, je précise aux motards :

- *Attention, restez vigilant car même sur l'autoroute, il y a des endroits humides et des ravines, évitez-les !*

On roule à 50 Km/h et on s'éclate en moto sur toute la largeur de la piste. La Ténéré met les gaz et circule sur le côté droit. Son pilote va trop vite et ne voit pas arriver une partie humide avec des ravines. Il rentre dedans et freine. Erreur ! ça ne loupe pas : il nous offre une belle chute spectaculaire heureusement sans gravité mais il est complètement sonné ! La moto n'a rien mais il préfère finir en voiture alors qu'un des Libanais prend la moto.

Maintenant, tout le monde roule à 50 km/h et on apprécie le paysage de savane et les petits villages avec leurs cases de pygmées. On s'est regroupés et on circule en convoi, c'est super et tout le monde rigole.

Au croisement de la grande route, on s'arrête à la station pour faire le point. D'ici, il reste trente kilomètres de bonne piste mais pas question de rouler de front car il y a de la circulation en sens inverse. Tout se passe bien et on arrive à Nola où les Libanais ont un copain forestier qui doit nous accueillir. On trouve la maison sans problème. Il est là :

- Bonne arrivée, on vous attendait !

Il a déjà allumé un grand feu au milieu de l'espace où nous allons planter les tentes. A tour de rôle, on va se laver dans l'annexe de la maison. Le coin est vraiment sympa. Il y a même une table et des bancs. Le repas est super !

- Bravo ! Félicitations les copains, c'est du bon boulot !

La nuit se passe bien malgré quelques ronflements, mais avec la fatigue, ça se comprend. Le réveil est douloureux pour les deux jeunes et le conducteur de la Ténéré. On déjeune et il faut maintenant adapter le programme de la journée en pensant déjà au retour.

- Cette fois, plus de difficulté. Pas de sable, piste en latérite sans grosse ravine. Le paysage est agréable et jalonné de villages de pygmées. Après la forêt, il y aura une demi-heure de marche pour aller voir les éléphants à la saline et monter sur la plateforme. Tout le monde est partant ? On va laisser les deux motos 125 et la Ténéré ici, on les prendra au retour.

- Peut-on changer l'itinéraire du retour pour éviter le sable et la forêt ?

- Oui, mais cela rallonge de plus de cent kilomètres en prenant la grande piste et il faut prévoir un point de chute pour coucher et un temps de repos.

- On a la possibilité de s'arrêter à Berberati chez un copain libanais.

- Alors, si tout le monde est d'accord, on part sur cette option ?

- OK, nous allons contacter le copain par téléphone !

On prend donc la piste jusqu'à Bayanga et presque tous découvrent le paysage de la savane arbustive, des villages de pygmées et de l'environnement. On roule les uns derrière les autres et je leur montre de la main les coins les plus intéressants. C'est super ! Ils en prennent plein les yeux. On arrive à Bayanga puis à la saline. On fait deux groupes et on se fixe demi-heure heure sur la plateforme. Le premier groupe part à pied, le second se repose. Sur la plateforme, ils n'ont jamais vu ça. Ils ne savent pas où donner de la tête devant ce magnifique spectacle. Mais une demi-heure, c'est trop court et les autres attendent !

- Vous pourrez revenir !

J'emmène le deuxième groupe qui a exactement la même réaction d'émerveillement. Tout le monde est ravi, les sourires envahissent les visages et la bonne humeur est au rendez-vous. « *Il faudra que je revienne* » se dit chaque participant.

On reprend voitures et motos pour retourner chez le forestier à Nola. Un bon repas quoiqu'un peu précipité pour tenir les délais, et nous voilà repartis tous ensemble. Les motos 125 seront encadrées des grosses cylindrées et la vitesse sera limitée à 60 km/h pour tout le monde. Tout se passe bien. Seuls sur la route, la surveillance est facilitée. On arrive à Berberati à dix-sept heures. On rentre dans la cour du diamantaire, espace très agréable avec tout ce qu'il faut pour le camp : table, bancs et même un tuyau d'eau. Un peu de toilette et un bon repas permettront de se mettre en forme pour le retour du lendemain qui sera long. Avec Jeannot et le copain libanais, on demande à voir le « patron » pour le remercier. Le gardien, armé d'une Kalachnikov, nous fait attendre puis nous fait entrer dans le bureau. Le diamantaire est assis derrière un énorme bureau en bois rouge et devant lui scintille un tas de cinquante centimètres de diamants !!! Un petit tas à droite, très brillant. A gauche, un autre tas à côté d'une boîte en fer de la taille d'une boîte de sucre en poudre. On écarquille les yeux, c'est incroyable ! Très calmement, il nous explique :

- Ceux-là sont pour l'exportation, les autres pour la taille à Bangui et ceux dans la boîte pour les revendeurs locaux qui me servent à payer tous les salaires et les frais sur place. Impressionnant, on n'en revient pas ! C'est vrai que quand tu vois la maison, il ne manque de rien !

- Évitez d'en parler s'il vous plaît, je n'ai pas envie de voir défiler trop de monde ! Cela peut attirer des convoitises.

- Pas de problème et encore merci de nous accueillir.

On passe une très agréable soirée et une bonne nuit. Le lendemain, tout le monde est en forme pour attaquer le retour sur Bangui.

- Attention, pas d'excès de vitesse ni sur la piste ni sur le goudron après Mbaïki et restez concentré et vigilant !

Tout se passe très bien et à dix-sept heures on rentre sur Bangui.

- Merci, les copains pour la logistique, vous avez été au top ! A la prochaine !

Il y eut deux autres grandes sorties de ce genre, bien réussies et avec une excellente logistique des copains libanais : une dans l'Est du pays à coté de Bangassou et l'autre, à un gouffre dont je ne me souviens plus le nom. Mais, personnellement, je préfère de loin nos sorties à quatre ou cinq motos, plus conviviales et plus facile à gérer en cas de problème.

Sorties sur les bancs de sable
avec Jean Morin

En saison sèche, les eaux du fleuve Oubangui laissent découvrir de nombreux bancs de sable sur lesquels on fait des sorties à cheval avec le Club hippique. Les courses, les galops, les baignades avec les chevaux… que de souvenirs inoubliables ! Sur un de ces bancs de sable en aval des chutes de Bangui, Jean Morin a fabriqué et installé une structure métallique sur laquelle il fait poser tous les ans un toit en chaume et des planches pour avoir une grande table et des bancs. Le dimanche, il y organise des sorties avec parties de boules, belotte, baignade et surtout un repas bien arrosé. C'est génial comme idée. Il a souvent des invités de tout genre, et c'est vraiment l'endroit où l'on peut rencontrer des gens très intéressants, en plus de sa famille et des copains proches. Là aussi, que de bons souvenirs !

Un jour au cours d'un repas, je rencontre Martine, une femme qui tient un camp de chasse dans le Nord du pays, à la frontière avec le Tchad et un camp dans la forêt près de Bayanga. Super, deux sorties en prévision !

- En ce moment, je suis dans le camp du Nord, et le camp du Sud est vide. Il n'y a pas de réservation donc si tu veux y aller, je te donne le nom de mon guide chasseur, un vrai pygmée qui connaît parfaitement la forêt. Tu peux organiser avec lui tout ce que tu veux, il est disponible et peut te faire entrer dans les villages pygmées.

- Waouh, c'est exactement ce que je cherche ! Super, ce n'est pas tombé dans l'oreille d'un sourd !

- Je donnerai à Jean tous les renseignements pour trouver le camp. Pas question de prendre les motos, on serait trop fatigués et il y a la logistique à prévoir car il faut prendre la tente et la bouffe.

Alors, on part avec Christine en SUZUKI 4x4 avec tout un ravitaillement. On traverse la forêt de Ngoto, et par la grande piste « autoroute », on arrive sur la piste de Nola. Avant d'arriver à Bayanga au kilomètre indiqué par Martine, on trouve la petite piste à droite. Trois à quatre kilomètres plus loin, des huttes de pygmées apparaissent à la lisière de la forêt. Le village semble désert. Seule une petite vieille est assise devant son feu de bois. On ralentit puis on continue dans la forêt. Très vite, on aperçoit le camp et un grand espace bien dégagé. On arrête la voiture, on descend. Magnifique, le camp est installé en hauteur au bord de la rivière.

On y découvre une grande bâtisse en bois, un coin fermé avec deux chambres tandis qu'une grande partie ouverte sert de salle à manger où l'on installera les matelas et les moustiquaires pour la nuit. On fait un tour de la « propriété » : Quel bel endroit ! « *Attention aux crocodiles !* » a prévenu Martine. Les eaux sont basses en ce moment et laissent découvrir deux bancs de sable bien dégagés. Ce sera parfait pour les bains et la toilette. Tiens, une personne arrive…un pygmée. C'est le guide de chasse de Martine, le téléphone africain a bien fonctionné ! On fait les présentations. Il comprend le français et est propre sur lui.

- Vous tombez bien car demain, si cela vous intéresse, on organise une chasse aux filets avec les gens du village. Vous voulez venir ?

- Bien sûr, à quelle heure ? Et où ?

- Venez à neuf heures au village que vous avez traversé, je serai là-bas.

- Ok, on y sera !

La nuit, un silence profond et inhabituel nous enveloppe. Tiens, des lucioles scintillent entre les arbres, on dirait de petites étoiles filantes. C'est génial ! On s'installe sous la moustiquaire pour la nuit.

Le lendemain, après un bon petit déj, on enfile pantalon et chemise à manches longues puis direction le village. La vieille est toujours là, devant son feu. Au centre des huttes, des femmes sont rassemblées avec de grands paniers en osier. Les hommes portent des rouleaux que je suppose être les filets. D'autres tiennent des matchettes et plein d'enfants courent autour, excités comme des puces. En nous voyant, tout ce monde se fige dans un grand silence ! Notre guide arrive et baragouine quelques phrases, alors tout le monde s'anime et reprend ses gestes. On s'intègre doucement. Soudain, un signal est donné et une colonne se forme et rentre dans la forêt. On suit…impressionnés de voir ce groupe de femmes, enfants et d'hommes qui marche en chantant tel un serpent qui se faufile dans la forêt. La formation s'arrête : le guide revient vers nous, me prend par la main et me dit de le suivre. Christine emboîte le pas. On remonte la colonne puis il nous installe au milieu des pygmées. Super, on est au cœur de l'action ! L'homme devant nous chante, les femmes derrière nous répondent et sous le couvert de la forêt, les sons prennent une dimension différente. On ne comprend rien, mais c'est beau, on se croirait au cinéma.

Au bout d'une demi-heure de marche, on stoppe. Les hommes partent devant pour poser les filets tandis qu'un autre groupe part faire les rabatteurs. Un troisième groupe auquel nous nous joignons va poser les filets de fond du demi-cercle où les animaux vont se prendre. Trois femmes nous suivent et observent tout, le sol, les arbres pour détecter les tubercules ou les racines qu'elles ramassent et posent dans leur panier en osier. Il y en a une qui monte à un arbre pour couper une sorte de liane et plus loin, une autre déterre des oignons sauvages. En fait, chacun a son rôle. Les hommes ont posé le filet et le raccorde aux autres. Le demi-cercle est ainsi fermé. Le chef fait passer le message et cinq minutes plus tard, on entend du tapage provenant au loin dans la forêt. Bruits de bâton sur les arbres et cris se rapprochent doucement de nous. Les hommes se répartissent tous les cinq mètres le long du filet. On se met légèrement en retrait pour observer. Ils effraient le gibier et le poussent en silence vers nous…tout près de nous. Au loin, on entend les cris et hurlements, quel boucan ! Quand brusquement, une antilope fonce et se prend dans le filet. Une des femmes lui saute dessus, lui assomme un coup sur la tête et lui casse les deux pattes avant ! Pauvre bête ! Une autre arrive un peu plus loin…même sort…Un porc-épic arrive, voit le filet et passe dessous avec son nez. L'homme hurle et les femmes essaient de suivre le pauvre animal pour l'attraper. Impossible ! Les rabatteurs arrivent alors à proximité des filets où le chef, notre guide, fait la collecte des proies. Les hommes repartent pour relever les filets, chacun de leur côté. Et ça parle, ça grogne même ! Tout le monde revient au point de départ dans la forêt pour former un grand cercle. Le chef a repéré un tronc d'arbre mort couché à terre. Avec la matchette, il nettoie le tronc, enlève l'écorce puis attrape le gibier récolté. Les hommes l'entourent tandis que les femmes restent sur le chemin. Il prend les antilopes une à une et distribue les parts. Chacun étant servi, la colonne se reforme et prend le chemin du retour. Ça chante, ça rigole, des cris de joie résonnent : c'est la récompense ! Le chef est content même s'il manque le porc-épic !

- Ça vous a plu ?

- Bien sûr, c'était super ! On ne connaissait pas cette chasse !

- Demain, je vais demander aux chasseurs s'ils voient un nid d'abeilles dans les arbres pour aller cueillir le miel, c'est la bonne saison !

- Ce serait génial, merci pour cette belle partie de chasse. On est très heureux d'être avec vous, dites merci aux hommes et aux femmes !

Chose faite, tout le monde tape dans ses mains. Demain, nous irons nous balader seuls, en forêt. On rentre au camp et descendons prendre un bain dans la rivière au coucher de soleil. L'eau est un peu fraîche mais que c'est bon ! Après cette journée en forêt, la nuit s'annonce pleine de rêves. Et alors que je me lève pour aller aux toilettes, deux yeux ronds me regardent dans la fourche d'un des gros arbres. Je l'éclaire avec ma torche : c'est un petit lémurien !

Le lendemain, on part marcher sur les sentiers de chasseurs en espérant une belle rencontre mais on ne voit rien, sûrement faisons nous trop de bruit par rapport aux pygmées qui marchent pieds nus. Nous, avec nos chaussures, ça craque sous nos pieds ! « *Là, regarde ! Des cases de pygmées chasseurs abandonnées depuis peu !* » On s'aventure à l'intérieur mais on en ressort aussitôt car on se fait piquer les jambes et les chevilles ! On s'éloigne pour retirer chaussures, chaussettes et même les pantalons. On se frotte et on se tape avec les vêtements pour faire tomber ces bestioles, des puces ! A midi, nous rentrons au camp en filant directement à la rivière pour se débarrasser de ces sales bêtes et apaiser les démangeaisons avant de passer l'après-midi à flâner sur les bancs de sable, tout en nous grattant encore !

Le lendemain matin, le guide arrive pendant le petit déjeuner :

- Tu veux un café ?

- Oui, mais avec du sucre. Il plonge alors cinq morceaux de sucre dans sa petite tasse ! *Mes chasseurs ont repéré un nid d'abeilles dans un arbre, ils m'attendent pour partir. Vous voulez y aller ?*

- Bien sûr !

On est déjà prêts. On range les affaires du petit déj et c'est parti. On le suit à pied jusqu'à rejoindre un petit groupe de trois pygmées portant des matchettes, des paniers tressés et des tisons, ces morceaux de bois avec de la braise au bout sur lesquels ils soufflent de temps en temps pour les garder actifs. On les suit. Après une heure de marche, nous arrivons face à un gros arbre. Ils posent leurs affaires mais nous, on ne voit rien. Alors ils nous font signe de regarder là-haut sur l'arbre…mais c'est haut et on ne voit toujours rien !

L'un d'eux tape sur le tronc avec un morceau de bois et nous fait signe de regarder. Effectivement, on aperçoit à présent des abeilles sortir de l'arbre puis d'autres y entrer, mais je vous l'assure, il faut avoir de bons yeux ! Un, examine l'arbre et les alentours proches, l'autre part en forêt avec la matchette et le troisième, qui tient les tisons, nettoie le terrain et prépare le feu. Une fois celui-ci allumé, l'homme se met à tisser des petits paniers avec des feuilles de rôniers [8]. Un, puis deux, puis trois paniers avec une anse. Notre guide nous laisse après avoir fait des recommandations.

Pendant ce temps, un des pygmées a essayé de monter sur l'arbre. Devant la difficulté, il a choisi un arbre plus petit mais dont une branche se mélange avec l'arbre en question. Il monte et passe sur l'arbre où se trouve le nid d'abeilles jusqu'à l'embranchement. Il regarde et attend. L'autre pygmée revient de la forêt en traînant de grandes lianes et deux plus petites derrière lui. Il se fait une ceinture avec la petite liane, accroche une des grosses et monte pour rejoindre son compère en haut de l'arbre. Il lui tend la grosse liane et redescend. Il parle à celui qui fait le feu et accroche au bout de sa liane reliée à l'homme en haut, un panier avec des tisons. Le pygmée perché dans l'arbre suit l'opération et fait monter le panier fumant. Les abeilles sentent immédiatement la fumée et se mettent à tourner autour du pygmée qui s'active pour attraper les tisons… juste à temps.

Le second pygmée est déjà monté avec un autre panier fumant, et les deux hommes sont maintenant à l'assaut du nid d'abeilles en faisant tourner les tisons rapidement pour faire beaucoup de fumée. Il en plonge un doucement dans le trou de l'arbre ce qui provoque un bourdonnement sourd pendant qu'un nuage d'abeilles sort du tronc. Le deuxième pygmée fait tourner un autre tison autour d'eux. Ils sont couverts d'abeilles mais elles ne les piquent pas, c'est impressionnant. Tout en étant très attentifs à leurs gestes, l'autre pygmée descend sa liane pour que celui du bas accroche un panier dans lequel ils vont mettre les morceaux de cire et le miel. Il le remonte et le tend à celui qui a déjà mis la main dans le trou et retiré un beau morceau qu'il pose dans le panier. Il attrape un deuxième morceau qu'il pose aussi dans le panier qui va descendre alors qu'un nouveau panier est en train de monter. Le premier panier arrive en bas. Le pygmée couvre le feu avec des feuilles pour faire beaucoup de fumée et faire fuir les abeilles.

On reste à l'écart pour ne pas nous faire piquer. Il enlève les morceaux de cire et les dispose dans les grands paniers rapportés du village. Le petit panier remonte aussitôt et ce manège va durer tant qu'ils trouveront des morceaux de cire à portée de main. En bas, c'est un véritable spectacle car le pygmée est maintenant couvert d'abeilles. Elles sont sur ses lèvres, sa tête et ses bras. Il ne faut surtout pas en tuer une car ça serait la mort assurée (je me souviens bien de la forêt des abeilles au Gabon). Le pygmée du bas s'amuse devant nous à manger un peu de cire et nous demande d'en faire autant.

- Miam, c'est très bon !

- Oui, c'est sûrement très bon, mais non merci !

En fait, on n'a pas envie d'avoir des abeilles sur les lèvres. Eux soufflent dessus pour les chasser mais je ne me sens pas capable d'en faire autant. Le pygmée remplit les deux gros paniers en osier tandis que les grimpeurs descendent. Contents de leur prise, ils s'assoient et mangent les morceaux de cire à pleines dents. Ils soufflent pour faire partir les abeilles qui se posent trop près de leurs lèvres. C'est incroyable, ils ne se font pas piquer. Du jamais vu ! Ils nous tendent de nouveau des morceaux. Non…non merci même si ça a l'air délicieux. Les abeilles commencent à partir et de nouveau, le bourdonnement reprend dès qu'elles reviennent dans leur trou. Les pygmées prennent les deux gros paniers remplis et on prend le chemin du retour accompagnés encore par quelques irréductibles insectes sur trois centre mètres. Ouf ! Nous, on souffle un peu alors que les pygmées sont d'un naturel époustouflant. Arrivés au village, c'est la fête et les femmes se mettent à danser et nous les laissons après cette belle expérience. En revenant au camp, on ne peut s'empêcher de commenter :

- Tu as vu avec quelle agilité ils montent sur les arbres ?!

- Tu as vu, ils fabriquent tout sur place à part le feu !

- Tu as vu les abeilles sur leurs lèvres ?! Ils en avaient partout ! Comment ils font pour ne pas se faire piquer ?

Ça se bouscule dans notre tête. Le lendemain, toujours au petit déj, le guide arrive et demande :

- C'était comment hier ?

- On a beaucoup aimé et c'était très impressionnant. Merci beaucoup.

- Hier, il y a eu un mort au village pygmée voisin. Il va y avoir une séance de chasse au mauvais esprits (sorcellerie) pour repousser le démon qui s'est abattu sur le pygmée ! Je peux vous y accompagner si vous voulez ! Moi, je suis obligé d'y aller.

- Un café ?

- Oui, mais il faut y aller maintenant si vous voulez voir le sorcier !

On range tout pendant qu'il boit le café, il monte en voiture avec nous et nous partons à la hâte vers le village situé sur le bord de la grande piste. On a déjà vu ce village en passant. Le guide nous demande de rester un peu en retrait derrière une hutte, pour ne pas troubler la cérémonie. Le sorcier est habillé d'un masque en bois avec des cornes de bœuf et d'une tunique en paille à plusieurs étages. Il danse et se démène sur la place au milieu des huttes. Les hommes ont sorti les Tam-Tam et les femmes tapent sur des casseroles avec beaucoup de ferveur. Lorsque le sorcier s'approche près d'une famille, les enfants crient et partent en courant. A l'écart et derrière une hutte, on profite pleinement de la scène. C'est magique ! Même difficile à décrire tellement les gestes semblent naturels et surréalistes. Tous les pygmées sont là, très attentifs et comme imprégnés par un démon. Les femmes crient, tapent dans leurs mains et surveillent les enfants au cas où le sorcier en prendrait un. Tournant sur lui-même et se déplaçant autour des huttes, il chasse le mauvais esprit, le démon caché quelque part. On ne sait pas s'il chante ou s'il parle, ces « bla-bla » sont incompréhensibles pour nous ! De temps en temps, il saute en l'air et se laisse tomber par terre, simulant la mort du démon. Il se relève comme un ressort et reprend sa danse plusieurs fois : un démon ne meurt pas si vite ! Et ça durera…une heure. Puis, tout à coup, au niveau de la dernière hutte, la plus près de la forêt, il saute, retombe à terre et disparaît derrière elle. Tout le monde applaudit et les hommes et les femmes se dispersent, laissant le village reprendre son rythme, retrouver sa tranquillité comme s'il n'y avait rien eu. Ainsi va leur vie, au gré des événements qui se succèdent.

Notre guide arrive. Lui doit rester mais nous, nous pouvons rentrer au camp.

- Cette après-midi, nous devons repartir à Bangui. Nous te laisserons au camp les gâteaux, les paquets de riz, les boîtes de sardines et surtout le sel.

Les pygmées ont souvent des carences en sel. Je lui glisse un billet dans la main, qu'il refuse mais finit par prendre.

- *Merci, merci beaucoup !*

- *Non, c'est nous qui te remercions !*

- *Donnez le bonjour à Mme Martine et dites-lui que j'ai repéré les bongos.*

- *Ce sera fait !*

On rentre au camp, on range tout et on donne un coup de balai. On jette un dernier coup d'œil à ce superbe emplacement avant de reprendre la route. Nous roulons, passons devant le village du sorcier où les pygmées nous font signe de la main. A dix-sept heures, avant de traverser le bac, on trouve un petit coin sympa pour camper et se reposer avant la traversée de la forêt de Ngoto et la route pour Bangui le lendemain.

Puisque nous sommes dans la région de Bayanga et pour éviter les répétitions de voyage, je vais vous raconter ce qui nous est arrivé l'année suivante. J'ai organisé un stage de formation continue à la scierie de Bayanga, sur l'utilisation des chutes de bois pour réaliser des fermettes pour le toit des maisons ou « cases » et des volets à l'italienne. Ce sont les vacances scolaires et pendant que je suis à la scierie, Christine prend la voiture et va se promener en forêt et à la saline. Elle revient en général vers dix-sept heures. Un jour, à seize heures, je la vois revenir et au lieu de se garer devant la case de passage où nous logeons, elle tourne la voiture prête à partir et visiblement attend dehors. Tiens c'est bizarre… Je finis ma séance de travail, sors et m'approche. Je n'ai pas le temps de demander quoi que ce soit que Christine me dit : « *Le gorille est en plein milieu de la petite saline, tu veux y aller ?* » Sans me changer, je saute dans la voiture et je roule. Je connais la piste par cœur. On roule une peu vite même. On est presque arrivés quand, là, devant nous un arbre très feuillu est étendu sur la piste.

- *Bizarre. Il n'était pas là tout à l'heure !*

- *Si c'était les éléphants, ils seraient là en train de le manger !*

- *Bon, on va le dégager et l'enlever.*

Je prends la matchette dans la voiture, sors et me dirige vers l'arbre. Alors que je brandis l'outil pour couper les premières branches, un grognement énorme suivi d'un tapage et d'un hurlement impressionnants stoppe mon élan ! J'en reste le bras en l'air.

Une masse sombre vient d'entrer dans la forêt et je distingue une silhouette noire derrière le feuillage. Debout sur ses pattes, je croise son regard : le gorille ! Nous sommes pétrifiés et n'osons plus bouger…Christine me chuchote :

- Ne le fixe pas !

- Facile à dire ! Mais moi je veux savoir ce qu'il va faire !

Je détourne un peu la tête tout en gardant les yeux sur lui ! Ces quelques minutes semblent interminables et si angoissantes… Le grognement reprend de plus belle puis la masse noire s'enfonce dans la forêt. Ouf ! On était mal, très mal ! On fait le tour de l'arbre avec précaution. On y distingue des baies. Il devait être là, en train de manger ces petites baies au milieu du feuillage. "*Bon, on va couper le tronc et le mettre sur le côté.*" Avec du mal à me concentrer et surtout pas très rassuré, je coupe l'arbre à la matchette. Je suis en sueur. « *Tu as de l'eau ?* » J'avale une demi-bouteille. On reprend la voiture et allons au parking de la saline alors que la lumière déjà diminue et que la nuit approche. On se regarde : « *Il vaut mieux ne pas aller là-bas si on ne veut pas faire de mauvaise rencontre avec les éléphants.* » Sur le chemin du retour à la scierie, on repasse à côté de l'arbre coupé, je ne peux m'empêcher de m'arrêter :

- Tu descends voir s'il est toujours là ?

- Non merci, ça va pour aujourd'hui ! Tu peux rouler. Quelle frayeur ! On ne s'y attendait pas…

Une autre fois de bonne heure à la saline, on prend le chemin à pied qui mène à la plateforme pour faire des photos. On marche tranquillement, sans prendre de précautions particulières comme les fois précédentes. Mais là, les éléphants (une mère et son petit) mangent des feuilles d'arbre, à dix mètres derrière l'échelle. Soudain, la mère fonce droit sur nous en poussant un barrissement impressionnant et nous laisse tout juste le temps de monter à l'échelle ! L'éléphante n'est pas contente du tout, elle veut protéger son petit. Pourvu qu'elle ne s'en prenne pas à l'échelle ! Finalement, elle repartira dans la saline avec son petit une fois sa colère apaisée. Ouf.

[8] Rônier : Sorte de palmier sauvage

La descente en chambre à air
le long de la Lobaye

Nous sommes de nouveau à Batalimo, où nous passons un week-end sur trois en moyenne. André nous signale qu'à une vingtaine de kilomètres d'ici en amont de la scierie de Mbato, il y a des rapides sur la Lobaye et une petite chute d'un à deux mètres. Il nous indique la piste à prendre depuis Batalimo jusqu'à la scierie : « *Ensuite vous avez deux possibilités : passer par la piste normale ou prendre la piste de chasseur le long de la rivière.* »

Nous voilà partis en moto avec Jeannot et Philippe. On trouve la scierie abandonnée ou en attente d'exploitation. Les maisons d'habitation sont superbes et en état car construites sur pilotis. Celle qui donne sur la rivière est particulièrement belle. A chaque poteau en bois, une réserve d'huile de vidange. Nous descendons à pied pour voir la chute de plus près. Elle se trouve de l'autre côté de la rivière, séparée par une île couverte boisée avec de gros rochers. Le coin est superbe ! On remonte et on visite le reste de la scierie. Tout y est, mais quel dommage que cela soit à l'abandon. On fouine un peu et là, surprise ! On découvre le corps d'une vieille locomotive à vapeur qui semble n'avoir jamais servi. Incroyable, c'est une véritable antiquité abandonnée en pleine forêt ! En fait, elle devait être là pour produire de l'électricité à la scierie à partir du feu de bois.

Revenons au but de notre expédition : trouver le sentier des chasseurs pour remonter la Lobaye. Et il est là. Comme prévu. On retourne à nos motos et on s'engage sur ce petit sentier où il faut se faufiler entre les arbres. C'est du sport mais on rigole et on n'est pas pressés. Tiens, sur le sentier, un arbre tombé depuis longtemps. On ne peut pas l'éviter alors on met pied à terre pour faire passer les motos les unes après les autres. C'est lourd ces engins et il faudra recommencer cette opération deux fois ce qui nous change de la conduite ! On arrive ensuite à la piste normale, qu'on emprunte jusqu'à arriver à un pont cassé. Une pile s'est affaissée d'un bon mètre et on dirait maintenant un W mal formé. On pose les motos et on s'assure que l'on peut passer. Chouette, des rapides bouillonnent en dessous ! Depuis le pont, on les voit débuter trois cents mètres en amont et descendre sur cinq cents mètres. On se regarde avec Philippe et à cet instant, on a la même idée :

- Ça serait super de les descendre avec des chambres à air ! Jeannot n'est pas très enthousiaste…

- Vous êtes fous !

- Non, on pourrait peut-être aller jusqu'à la scierie de Mbato et finir par la chute ! On va y réfléchir et en parler à André.

On traverse en moto et trois cents mètres plus loin, il y a un sentier dans le virage qui mène à la rivière. On descend et on va voir à pied. C'est un sentier pour la pêche, c'est ce qu'il nous faut ! On fait demi-tour et on s'arrête de nouveau sur le pont pour jeter un coup d'œil. La descente est tout à fait faisable ! Bon, allez on rentre, mais cette fois, pas en portant les motos. On choisit donc la piste normale, ce qui nous permet de voir si les voitures peuvent passer et c'est le cas. Parfait. André est ravi de notre découverte et de cette future distraction.

A Bangui, on parle du projet aux copains : « *Vous n'y pensez pas ! Et les crocodiles ?!* » Devant l'inconnu, c'est toujours la même réaction de notre entourage ! Mais, comme d'hab, deux irréductibles copains décident de se joindre à nous ainsi que Jeannot, un gendarme de l'ambassade et un copain du privé. On achète des chambres à air de camion et de la grosse corde pour faire une croix afin de se tenir. A l'époque, il n'y avait pas toutes les commodités de maintenant, il fallait se démerder ! On organise la sortie, les voitures, la bouffe et tout ce qu'il faut et quinze jours plus tard, nous repartons direction les chutes de la Lobaye.

On passe par Batalimo pour prévenir André et arrivons au pont cassé. On laisse les voitures en amont au cas où… La fille de Jeannot s'est jointe à nous donc ce n'est plus une voiture qu'il nous faut pour faire les allers-retours, mais deux à présent. On a aussi prévu les palmes pour se guider et chacun prend un des gilets de sauvetage empruntés au Rock Club. On marche dans le sentier qui mène à la rivière et après cinq ou six coups de matchette, la voie est dégagée. Le copain du privé, costaud, se met à l'eau et il faut vite le suivre car il y a beaucoup de courant. Ça y est, tous les six, on s'élance dans les rapides ! On rigole, les cris de joie résonnent mais le courant est très fort et il nous emporte sans que l'on ait le temps de se donner des directives. Jeannot se laisse entraîner vers la gauche, les autres passent sous le pont, à droite, où l'on avait prévu. On lève une main pour faire coucou. Une vague. La tasse. Puis une deuxième.

On est ballotés et on se cramponne de toutes nos forces. Jeannot part de plus en plus à gauche et je crie pour lui faire signe de nous rejoindre mais ça va bien trop vite ! Ici, un rocher sur lequel je me cogne les genoux. Là, le remous nous fait tourner en un vrai gymkhana dans l'eau. C'est super mais où est Jeannot ?! On l'appelle…Il ne répond pas…Bizarre…A présent, le courant se calme et nous laisse le temps de nous regrouper et de discuter puis les rapides reprennent de plus belle et je reconnais alors l'endroit, nous arrivons à la chute de la scierie ! « *Passez sur la droite si possible !* » Je canalise les autres et bien sûr, trop tard pour moi, je passe en plein milieu où c'est le plus haut : deux mètres ! C'est pas grand-chose, mais avec une chambre à air, pas facile de manœuvrer ! Je passe par-dessus et je me retrouve plaqué sur le rocher ! Je prends appui avec mes jambes et je pousse un grand coup pour me dégager. Je bois un peu la tasse dans le remous. Quand je refais surface, les autres rigolent ! « *Eh alors !* » Je reprends mon souffle et on se dirige vers la berge où les femmes nous attendent. On accoste sur le bord. Où est Jeannot ?! Bon, une personne reste là, et nous remontons tous à sa recherche. Allez c'est parti ! De toute façon, on avait envie de faire une deuxième descente, ça tombe bien ! On arrive au pont cassé et la personne restée sur la berge nous dit qu'elle l'a vu partir dans les arbres à gauche. Peut-être est-il remonté à pied ?! On appelle…Toujours rien…Allez on y va ! On se remet à l'eau avec Philippe, le gendarme et le copain du privé. On se régale de nouveau mais avec dans la tête l'objectif de « trouver Jeannot ». On passe le pont, on appelle tout le long de la descente, sans succès. Lorsque la chute apparaît, je ne me laisse pas entraîner sur la gauche et je m'engouffre dans un véritable toboggan. On rigole en nous dirigeant vers la berge. Jeannot est là ! Il nous attend. Ouf ! On sort de l'eau en éclatant de rire :

- Qu'est-ce que tu as foutu ?!

- Je me suis fait prendre par un tourbillon qui m'a emmené sur la gauche dans les arbres mais heureusement j'ai tourné à l'horizontale mais je n'ai pas pu sortir ; j'ai fait trois fois le tour ! A la fin, j'ai fini par attraper les branches et je me suis glissé le long du rivage pour revenir au milieu de la rivière !

- Bon ça va ! Mais tu nous as fait peur ! Le copain qui était resté là à nous attendre nous dit :

- Eh les copains, moi je veux en refaire une !

- Ok, on a le temps ! Et nous voilà repartis.

- Jeannot, tu viens ? Tu ne vas pas nous laisser tomber ?!

C'est ainsi qu'une nouvelle descente se prépare : ce sera la meilleure, pleine de cris de joie. On reste groupés. On surveille Jeannot qui a un peu le mal de mer dans le courant calme. Avec Philippe, on le prend par la main et on passe la chute ainsi tous les trois sous les cris, les chants, les rires et explosions de joie des copains. On reviendra ! Quelle journée !

On passe à Batalimo pour raconter notre exploit à André : « *Je savais que vous y arriveriez !* » Le soir de la semaine suivante, chacun raconte sa version. Le copain gendarme a fait de même de son côté, mais là, l'ambassadeur a piqué sa colère : « *Vous n'êtes pas fous ?! Il y a des crocodiles dans la Lobaye ! Demandez à André ! Ne recommencez pas !* » On s'en fout, on recommencera…

L'année suivante, on organisa la même sortie avec les nouveaux motards. On prit la même piste et le sentier des chasseurs le long de le Lobaye. Les arbres étaient toujours couchés par terre et il a fallu porter les motos. Mais au niveau du dernier arbre, j'avais posé ma moto sur un petit arbuste et quand je l'ai reprise et démarré, je n'ai pas eu le temps de faire dix mètres : je me suis fait bouffer les chevilles, les jambes et au-delà par de grosses fourmis rouges ! Je posais alors la moto sur la béquille, quittais les chaussures, les chaussettes, le pantalon et même le slip ! Et à grands coups de pantalon sur mes jambes, je fis tomber ces bestioles. J'en avais partout et ça piquait dur ! Je me retrouvais donc à poil, à coté de ma moto. Les copains ne me voyant pas suivre, firent demi-tour et me retrouvèrent dans cet état dans un éclat de rire.

- Qu'est ce qui t'arrive ?

- Les fourmis rouges ! Regardez, la moto en est couverte !

- La prochaine fois, regarde où tu mets ta moto !

Heureusement que ce n'était pas des magnans, car ils m'auraient bouffé ! Le reste de la sortie se passa comme prévu, dans la bonne ambiance et les nouveaux furent ravis de cette expédition (sans le gendarme).

Immersion en forêt,
une semaine avec les pygmées

Avec Christine, on voulait tenter une immersion en forêt primaire. André nous prépare un « espace délimité dans la forêt » à cause de la frontière avec le Congo, avec un guide pygmée et un chasseur centrafricain pour servir d'interprète. On organise cela pour les vacances du premier janvier. Un couple d'enseignants, copains de Christine, se joint à nous.

On prépare nos tenues avec chaussures de marche, sacs à dos, la tente et la bouffe dans un sac que le pygmée va porter. On démarre devant la maison d'André en prenant une pirogue pour traverser la Lobaye. De l'autre côté : c'est la forêt et seuls les militaires français s'entraînent dans cet environnement extrême. Ça y est, on est seuls avec le pygmée et le chasseur. On marche dans la forêt qui devient de plus en plus dense ; il fait même sombre à certains endroits. Il fait bon et nous marchons facilement et dans la bonne humeur. Le pygmée est devant et nous nous dirigeons plein Est. Il s'arrête. Il a repéré une plante. Il s'agit d'oignons sauvages qu'il ramasse et accroche au sac. Plus loin, ce sont des feuilles qu'il coupe pour faire la sauce (le chasseur essaie de traduire). Il nous montre certains arbres pour leurs propriétés médicinales, mais nous n'arrivons pas à tout comprendre. Ce n'est pas grave, c'est intéressant de voir les connaissances qu'ils ont. On ne voit pas le temps passer. On s'arrête pour grignoter sur un tronc d'arbre couché qui nous sert de siège quand je remarque le fusil du chasseur : c'est du bricolage de première ! Je ne voudrais pas tirer avec ! Le canon est une colonne de direction d'une pigeot 404 !

On repart, la forêt change et devient moins dense et plus touffue avec de grands arbres …A seize heures, on arrive dans la clairière d'un village d'une dizaine de cases : c'est le dernier village situé sur la frontière du Congo, extrémité Sud-Est de la Centrafrique. Les femmes accueillent le pygmée et le chasseur, mais restent distantes avec nous. Lorsqu'on s'avance, les enfants partent en criant se cacher dans les cases. Le chasseur nous explique : « *Les enfants n'ont jamais vu de blanc et les femmes très peu* ». Nous restons en retrait. Les hommes du village arrivent de la chasse et l'ambiance se détend. A présent, on est au milieu du groupe, les échanges s'animent entre les chasseurs du village et le nôtre. Il demande si on peut passer la nuit ici et il leur montre que nous avons nos propres « maisons » car ils veulent nous donner une des leurs.

Ce sont les coutumes d'accueil dans la forêt. Bon, le terrain ici sera parfait. « *On va maintenant discuter pour acheter la moitié de l'antilope pour ce soir !* » Nous, on plante les tentes sous les yeux effarés des enfants et étonnés des femmes. On prend deux gros morceaux de tronc d'arbre qui serviront de bancs. Le pygmée revient vers nous avec de gros tisons dans les mains pour faire le feu. Avec le copain, on s'engouffre dans la forêt pour chercher du bois. On fait un premier voyage, mais à notre retour, les femmes ont déjà apporté un tas de bois et le feu est lancé. Le chasseur revient à son tour, avec deux pattes arrière d'antilope. « *Zut ! On a oublié la grille !* » Le chasseur rigole et fait signe qu'il va s'en occuper. Il fabrique un trépied avec des branches puis il coupe des tiges vertes dont les embranchements serviront de crochets pour les morceaux de viande. Astucieux ! Les femmes préparent le riz sur le camping gaz. La nuit tombe vite, très vite et dans le soir, à la lueur du feu, tous les yeux sont braqués sur nous. La viande est un peu ferme, mais c'est normal, elle est trop fraîche. On passe la nuit sous tente : il fait un peu chaud et humide, mais bon…

On est réveillés par les aboiements des chiens ce qui nous permet de voir le village s'animer progressivement. Tandis qu'on prend un petit déj, le chasseur et le pygmée sont déjà en pleine discussion et ne semblent pas d'accord avec les villageois. Ils m'appellent : « *Dans quelle direction on va pour aller au village pygmée suivant ?* » Les villageois veulent nous faire partir plein Est alors que d'après André, on doit aller plein Ouest. Je prends le plan griffonné sur un papier et ma boussole : c'est effectivement vers l'Ouest mais le chef regarde la boussole dont l'aiguille tourne sans arrêt. « *C'est quoi cette aiguille qui tourne dans tous les sens quand on la bouge ?! C'est pas bon, faut la jeter !* » En fait, ne connaissant pas le village où nous voulons aller, il nous indiquait le village des blancs sur la rivière Oubangui ! C'est bon, j'ai compris ! On va bien aller vers l'Ouest, ils ne connaissent pas ce village de pygmées. On plie les tentes et nous partons dans la bonne direction.

La marche est agréable, on rencontre un poste de chasse pygmée puis un camp plus important où l'on a fumé de la viande récemment (l'animal devait être trop gros pour le transporter). Là, une liane à eau : si vous la coupez et mettez un sceau dessous pendant la nuit, vous récolterez une dizaine de litres d'eau potable.

- Là, c'est la frontière avec le Congo !

- Ah bon ?! Et à quoi le voit-on ?

- C'est comme ça

- Je ne pense pas qu'on va rencontrer des douaniers en pleine forêt.

- Non, mais un chasseur congolais, et lui va vous tirer dessus car les terrains de chasse ne se partagent pas !

On tourne légèrement vers la droite pour s'éloigner. On arrive en terrain inondé.

- Il faut le traverser ?

- Non on va le longer, nous répond le chasseur.

Le chasseur quitte ses chaussures, le pygmée est pieds nus. On se regarde. Qu'est-ce qu'on fait ? Marcher pieds nus là-dedans ? On remonte le pantalon et allez, on suit. On patauge dans cinq puis dans dix centimètres d'eau pendant presque une heure. Pas facile. Le niveau de l'eau monte encore et à présent, le pygmée suit le lit du ruisseau qui serpente entre les arbres. Je finis par quitter mes chaussures et les autres feront de même quelques instants plus tard. Au moins elles vont s'égoutter…

Bientôt une heure qu'on marche dans l'eau, c'est long… et ça n'en finit pas ! Enfin, le pygmée monte sur le rebord du lit et sourit. Ouf, pas trop tôt ! On remet nos chaussures mouillées et on repart en grimaçant de marcher ainsi les pieds mouillés. Le chasseur nous annonce : « *On est presque arrivés* ». En effet, nous sommes dans une clairière allongée où sont plantées des huttes de pygmées. En voyant notre guide, les femmes accourent et dansent en tournant sur elles-mêmes. Elles sont contentes de le voir ainsi que le chasseur mais, quand elles nous voient, la ferveur retombe d'un cran et les enfants se cachent derrière les huttes. A l'entrée du village il y a un espace dégagé pour mettre les deux tentes. On les monte et les femmes viennent voir. Un peu plus tard, d'autres apportent de quoi faire du feu. Seuls les enfants restent éloignés. Le village grossit au fur et à mesure que les hommes rentrent de la chasse et les retrouvailles avec notre pygmée s'annoncent joyeuses : c'est la fête, ils font un grand feu au milieu des huttes.

Je demande au chasseur s'il y a un point d'eau pour se laver. Il revient avec une femme qui va nous y emmener. On fait cent mètres et au milieu des arbustes apparaît un trou d'un mètre de diamètre plein d'eau…marron. Et c'est visiblement le seul point d'eau.

Je retourne à la tente et prend la bassine en toile étanche emmenée dans mon sac à dos. Sur le bord, j'attrape une branche où il y a un crochet et je remonte de l'eau trouble pour me laver. On fera avec ! On n'a pas le choix ou on reste « comme les pygmées » ! Ça fait quand même du bien car en marchant dans l'eau, on a beaucoup transpiré. Pour le repas, ils nous amènent un superbe gros gigot d'antilope ! Christine attrape son sac à dos et dit :

- C'est le premier janvier ! Bonne année ! Elle sort une bouteille de champagne.

- Tu y as pensé ?! Bravo !!!

- Vous imaginez ?! Du champagne en pleine forêt et au milieu des pygmées !

- Incroyable ! Allez, bonne année !

Et pan !!! Le bouchon part et le champagne coule. Certes un peu chaud, mais ça fait plaisir et c'est l'idée qui compte.

Le lendemain, on reprend la marche dans la forêt parsemée de savane aux herbes hautes. Ça change, on s'attendrait presque à voir des éléphants et des girafes. Les arbres paraissent plus grands. Ici, un fromager (mais où sont les fromages ?) avec ses contreforts impressionnants. Là, un tulipier du Gabon avec ses tulipes rouges. Le paysage a changé mais il fait aussi plus chaud et humide. La marche est éprouvante et la fatigue se fait un peu sentir. Le guide se retourne et nous voit traîner les pattes, cela fait déjà quatre heures que l'on marche. On débouche sur un village de chasseurs pygmées et centrafricains en bordure d'une grande savane et visiblement ils connaissent très bien nos deux accompagnateurs car on assiste à de grandes embrassades. Les femmes et les enfants sont moins farouches que dans les villages précédents. Christine joue avec un petit garçon, puis va chercher son sac à dos et en sort un ballon en caoutchouc qu'elle gonfle devant le gamin ébloui. Il n'a jamais vu cela ! Christine lui lance le ballon, il veut l'attraper mais le loupe et le ballon rebondit. Il l'attrape enfin…c'est magique pour lui ! C'est beau de voir un gamin jouer de la sorte. Les autres gamins arrivent et observent avec intérêt ; le ballon circule de main en main, monte, descend, un vrai manège ! Le ballon monte un peu plus et tombe sur le toit de chaume de la case…Pan ! Il éclate ! Le petit garçon se met à pleurer.

Tous les autres se figent, médusés. Mais Christine a tout prévu, elle retourne à son sac et en sort une dizaine de ballons qu'il faut gonfler et fermer par un nœud. La magie est au rendez-vous : le village se transforme en champ de foire avec des ballons de toutes les couleurs. Superbe ! Les hommes sortent les tam-tam, d'autres activent un grand feu, les femmes dansent les unes derrière les autres en sautant. Christine et sa copine s'intègrent à la colonne. Les tam-tam redoublent de puissance, les chants résonnent. On applaudit cette incroyable fête improvisée autour de simples ballons en caoutchouc. Les hommes pygmées se joignent à la danse et nous invitent…Alors on y va ! C'est incroyable cette musique avec seulement deux petits tam-tam ! Quelle belle soirée !

Le lendemain, on quitte le village avec regret où les adieux de la main en « disent long ». Le chasseur ne s'éternise pas : « *On va avoir une partie difficile à traverser : un marigot* ».

On marche une petite demi-heure avant d'arriver au fameux marigot. Pour commencer, il y a des troncs d'arbres couchés qui relient les points surélevés. Il faut passer dessus, mais ça glisse un peu surtout si les chaussures sont mouillées. On passe les premiers mais ce n'est pas si évident. Avec quelques frayeurs, on réussit finalement à passer. Le guide s'engage sur le second tronc, perd l'équilibre et finit dans l'eau jusqu'aux genoux. Il continue comme si de rien n'était ! Bon…j'y vais. J'avance doucement et, pratiquement au même endroit que le guide, plouf. Je tombe à l'eau mais je reste debout et tends la main pour faire passer les autres. Mouillé pour mouillé ! Il faudra répéter cette opération une dizaine de fois. Finalement, je trouve la solution : je coupe un grand morceau de bois qui va me servir de perche sur laquelle je m'appuie. Et ça marche ! Je fais ensuite passer mon bâton aux autres. Il y aura bien un ou deux plouf mais la galère se termine enfin. En sueur, on arrive sur la terre ferme où le chemin prend l'allure d'une piste visiblement pratiquée. On est sur la bonne voie et le chasseur nous le confirme : « *On arrive à la Lobaye ! Waouh, là, je sais maintenant où on est et dans quelle direction il faut aller car pour tout vous dire, j'étais un peu perdu et déboussolé surtout avec ce marigot où on avançait en zig-zag.* »

La piste arrive à la Lobaye et s'arrête net. D'habitude, il y a une pirogue pour traverser, mais là, rien. De toute façon, on va rester de ce côté, plus sauvage. On prend un petit chemin le long de la rivière. La vue est dégagée, on revit un peu. Le guide connaît parfaitement ce coin et il nous emmène dans une petite savane qui borde la rivière : ce sera notre prochain camp. Je connais aussi ce coin, pour l'avoir longé en pirogue lors d'une remontée à la scierie de Mbato. Les tentes montées, je cherche un accès à la rivière pour prendre un bon bain. On finira tous dans l'eau…On se détend et les sourires disparus reviennent sur les visages. Une pirogue passe et lorsqu'elle accoste à notre niveau, le chasseur demande au piroguier si la chasse a été bonne. L'autre, en réponse, lui montre son sac. Il plonge la main dedans et en ressort un gros scarabée noir avec des pinces énormes à l'avant…

- *Miam miam.* Fait-il.

- *Quoi ?! Vous mangez ces bêtes ?*

- *Oui, c'est excellent !*

- *Vous en voulez pour le repas ?*

- *Non merci, pas pour nous mais vous pouvez en prendre pour vous, achetez-les !*

Avec le pygmée, ils se sont régalés. Nous, on a fini les deux boîtes de sardines et la vache qui rit. Au moins, on se sent propres et on sait que l'arrivée est proche.

Le lendemain, on part d'arrache-pied pour une heure de marche en direction du débarcadère de la scierie où l'on espère trouver une pirogue pour Batalimo. On marche d'un bon pas ; le pygmée s'arrête…Il a vu un arbre couché par terre. Il s'avance, prend sa matchette et en deux coups, coupe et soulève l'écorce. Un grand sourire apparaît sur son visage à la vue de deux grosses larves blanches : il en attrape une et la met dans sa bouche. Hum ! Hum ! Il nous tend l'autre : « *Non merci, pas pour moi !* » Le chasseur n'en veut pas non plus, alors le pygmée avale la seconde.

- *C'est pourtant plein de protéines ! me taquine Christine.*

- *Ok, mais très peu pour moi !*

On reprend la marche et arrivons au débarcadère où ouvriers et bûcherons sont en train d'assembler les billes de bois en un radeau qui va descendre le courant de la rivière jusqu'à Batalimo. Quelle aubaine ! Il y a aussi une pirogue qui peut nous y amener directement si on veut. « *Non, ce sera le radeau de bois pour finir en beauté !* » Une heure plus tard, le radeau est poussé dans le courant. Le couple est resté à l'arrière tandis qu'on circule sur les billes. On marche, on saute de bille en bille en faisant des allers-retours comme des gamins, c'est le pied ! On arrive en vue de la piscine flottante d'André. Allez, encore deux cents mètres et on y est. Plouf ! Christine se jette à l'eau pour devancer le radeau qui a bien ralenti avec le courant. Je plonge aussi jusqu'à la piscine où la femme d'André qui a entendu les cris de joie, nous attend en nous acclamant. André nous rejoint et nous aide à monter sur le pourtour de la piscine.

- C'était super et nos guides ont vraiment été à la hauteur, il faudra leur dire !

- Vous restez manger avec nous pour nous raconter ?

On récupère les sacs à dos sur le radeau qui est en train d'accoster sur la berge. On remercie chaleureusement nos deux professionnels de la forêt avec quelques cadeaux et on leur dit à bientôt…

Il y aura plein d'autres sorties à Batalimo grâce à André et sa famille : la visite de la petite mission de sœurs où la messe est chantée et animée par la population locale, un véritable spectacle ! L'ouverture de la piste pour aller au lac en pleine forêt, l'organisation de la fête du premier de l'an à Batalimo…Toutes ces expériences méritent d'être racontées mais il faudrait un livre entier. Il y en a cependant une qui a été, pour moi, exceptionnelle en événements.

*Chasse aux canards et sortie sur le lac
avec Jean Morin*

Ayant ouvert la piste quelques mois auparavant, André a aménagé un espace pour faire un camp au bord du lac. On peut donc y planter la tente, j'ai déjà fait le repérage des lieux en moto. Vu le nombre de canards sur le lac, j'en parle à Jean et son copain guide de chasse, très intéressés pour une partie de chasse aux canards.

On prépare la sortie avec Jean et, dans ses ateliers de fabrication de charpente métallique, il fait réaliser une petite barque à fond plat spécialement pour le lac de forêt. Son copain récupère un canoë en plastique deux places. On « débarque » donc au lac le samedi après-midi avec trois voitures 4x4 et la remorque sur laquelle on a mis le bateau et le canoë. On met les bateaux à l'eau. Les canards s'envolent de partout. « *Chouette ! dit Jean, on va s'amuser !* » On installe le camp et les tentes, la table et les chaises (Jean aime bien son confort) : un vrai camp de luxe ! Jean prend tout seul la barque à fond plat tandis que je monte avec le copain dans le canoë. Il est devant avec le fusil, moi je rame à l'arrière. On avance sur le même front. Les canards s'envolent trop loin. Les bateaux avancent difficilement car il y a beaucoup d'herbes, des paquets très épais que le canoë a du mal à franchir. La barque passe plus facilement. Le copain pose son fusil et avec deux pagaies, on arrive à se frayer un passage. Jean décide de se placer dans les roseaux et d'attendre que l'on fasse le tour. On continue d'avancer au milieu des herbes ; les canards s'envolent devant nous. Pan ! Pan ! Certains canards font le tour du lac et reviennent derrière les roseaux, mais en travers de nous. Le canoë monte légèrement sur un paquet d'herbes et devient instable. Un canard passe, en plein travers. Pan ! Pan !!! Mais aussi plouf !!! plouf !!! Tout le monde à l'eau ! En tirant de côté, le recul du fusil a fait basculer le canoë ! Le copain tient le fusil à bout de bras hors de l'eau tandis que j'essaie de nager mais les herbes s'enroulent autour de mes chevilles. Je réussis à retourner le canoë mais impossible de monter, même en se mettant chacun d'un côté, ces satanées herbes nous paralysent complètement en nous entourant les jambes. On essaie encore et encore. Jean, qui a tout vu rigole : « *Viens nous aider au lieu de rigoler !* » On essaie encore une fois, sans succès. On peste et cela fait maintenant une demi-heure que l'on est dans ce merdier ! Jean arrive et cette fois-ci on monte sans effort sur son bateau à fond plat : « *Vous avez l'air malin, tous les deux !* »

Je réussis ainsi à passer dans le canoë dans lequel j'écope l'eau. Je le ramène seul sur le bord tandis que Jean ramène son copain. Sur la berge, tout le monde est plié de rire et il y a de quoi ! Ils ont allumé un grand feu pour tout faire sécher, vêtements, chaussures, cartouches et bonhommes ! Pas de canard, mais l'apéro et la bouffe sont là car Jean a tout prévu comme d'hab : pâté, saucisson, grillades de bœuf… Rien ne manque et surtout pas le pinard ! La soirée est très animée. « *Qu'est-ce qu'ils vont rire à Bangui, les copains !* » Le guide de chasse se sent un peu la cible des rires : « *Demain, on va changer de tactique. Jean ira se poster dans les roseaux en haut du lac et nous, nous ferons le tour pour lui rabattre les oiseaux !* » On se regarde. Cela semble une bonne tactique ! On verra demain…

Le lendemain, Jean prend son bateau et va se poster comme prévu au Nord, dans les roseaux. Nous, en canoë, passons de l'autre côté vers l'Est, en faisant très attention à l'équilibre du bateau. Tout se passe bien et on se fraie un passage entre les herbes. On arrive ainsi pratiquement au bout et on va se rabattre sur la droite où sont les canards :

- Ne tire pas en travers !

- Non !

- Celui-là c'était bon…

- Oui, pour nous aussi !

Les oiseaux sont devant nous et partent, bien sûr, en plein travers. Il se retient et peste. On avance et, comme prévu, tous les canards s'envolent et se dirigent vers Jean. On attend…Pan ! Pfff…pas normal ce coup de fusil…Un cri résonne : « *Haaaa !* » On se regarde. Pourvu qu'il ne soit pas tombé à l'eau…On l'appelle. Silence. Bon, allez, on y va. On rame tous les deux et avec la vitesse on franchit facilement les paquets d'herbes. On rame dur et ça donne chaud. On arrive à une quinzaine de mètres quand on voit Jean debout sur le bateau comme paralysé ! Il tient son fusil dans ses mains. Il le lève et on distingue le canon du fusil éclaté, comme une banane qu'on aurait épluchée ! Incroyable !

- Que s'est-t-il passé ?! Jean hésite un moment puis retrouve le sourire.

- Il aurait pu me péter à la gueule !

- Tu as pris les cartouches où, ce matin ? demande le guide.

- Dans la boîte !

- Hier soir, après les avoir séchées, on a remis les cartouches dans la boîte mais on aurait dû les séparer et tu as du prendre des cartouches dans lesquelles la bourre était encore humide et donc gonflée par l'eau. En arrivant au bout du canon qui est choqué (rétréci), elle l'a fait exploser !

On rigole à moitié et Jean n'en revient pas ! Il est scotché ! Le guide monte dans le bateau de Jean pour le ramener au bord. Moi je les suis. On arrive sur la berge, tout le monde se regarde et, après un long silence, ils nous lancent : « *Où sont les canards qu'on mange ?!* » Jean répond hilare : « *Au supermarché ! C'est plus sûr !* » Tout le monde se met à rire pendant que l'on sort les bateaux de l'eau pour rentrer à Bangui. Je ne vous raconte pas tous les commentaires de la communauté française de Bangui après cette sortie !

Partie de chasse et appel du lion

Pendant que l'on est avec le guide de chasse, j'enchaîne avec une sortie qu'il a organisée pour un copain chasseur du club de tennis, sur son ancien camp de chasse. Après quatre heures de piste, on arrive dans un coin de savane entrecoupé de bosquets de forêt et de forêts galeries. Le guide connaît parfaitement le coin et on se dirige vers un bosquet d'arbres pour y installer le camp. On pourra accrocher les moustiquaires, les hamacs, la table et se mettre à l'ombre. L'objectif du copain est de tuer un buffle ! On part à pied : le coin de chasse est super, on voit des antilopes en pagaille, des dik-diks qui détalent dans nos pattes, mais pas de buffle. On marche quand on tombe sur un éléphant solitaire qui rentre dans un bosquet. Le guide nous dit : « *On va essayer de le voir de plus près.* » On s'approche du bosquet où tout est calme. On se faufile entre les branches en avançant mais on ne distingue rien. Alors on avance encore quand un grand bruit accompagné d'un barrissement déchire le silence : les branches bougent de partout, le sol tremble et l'éléphant s'enfuit. Pourtant, il était là ! A même pas dix mètres de nous et nous ne l'avons pas vu ! Une si grosse bête. Ça me rappelle le Gabon mais toujours pas de buffle en vue ! Alors, avant de rentrer au camp, le guide désigne une antilope : un cobe de Buffon. Il fera l'affaire pour les repas ! Le guide le ramène au camp sur ses épaules, le dépouille et le découpe en gros morceaux. Il fabrique une claie au-dessus du feu pour fumer la viande. Il a l'habitude, ça se voit. J'observe au cas où.

La nuit arrivant, le guide va à la voiture et en sort un gros entonnoir en tôle que Jean a fabriqué suivant ses indications.

- C'est quoi ce truc ?

- C'est pour appeler les lions ! répond le guide.

- Mais je ne veux pas tuer un lion ! s'inquiète le copain.

- Non, je sais ! Mais c'est pour voir si ça marche ! C'est un vieux chasseur africain qui m'a donné les infos.

Le voilà qui souffle dedans : un son pas terrible en sort. Il recommence, en tentant cette fois un cri ou hurlement…c'est déjà mieux mais il faut travailler le son. Au bout de quelques essais, ça pourrait effectivement ressembler à un cri de lion. Il recommence une fois, deux fois, puis trois et on tend l'oreille…Incroyable ! Un lion lui répond ! Mais est-ce vraiment un lion ?! Il recommence cinq minutes plus tard et le lion répond à nouveau ! On se regarde :

- *Tu vas encore l'appeler ? Et s'il vient ?!*

- *Mais on ne risque rien !*

Alors il souffle encore une fois dans son objet insolite et là, au son qui lui fait écho, on se rend compte que le lion s'est déjà rapproché. Il souffle de plus belle. Impossible de l'arrêter ! On se regarde, impuissants. La réponse du lion est maintenant parfaitement audible.

- *Bon, il faudrait peut-être arrêter, car il va débarquer ici !*

- *D'accord, on verra demain*, dit-il avec regret.

Le calme revient et nous préparons le repas. On met du bois pour la nuit et on se couche, pas très rassurés. Le guide dit au copain :

- *Mets ta carabine chargée à coté de toi, moi je prends le fusil ! On ne sait jamais !*

- *Tu rigoles ?!* lui dis-je. Ma question restera sans réponse…

Au lever du jour, le guide attise le feu et s'en va faire un tour près du camp. Il revient avec un grand sourire : « *Venez voir !* » On se lève et on le suit sur une cinquantaine de mètres lorsqu'il s'exclame : « *Regarde les traces !* » Effectivement, le lion est venu et a fait le tour du camp où l'on distingue des traces partout. Le guide plaisante : « *Il est venu voir les intrus sur son territoire ! Il a vu que ce n'était pas un concurrent pour ses femelles !* » Un frisson me traverse le corps, alors que le guide saute de joie : « *Ça a marché ! Je vais pouvoir le dire à Jean et à Martine ! Super !* » Finalement, on ne trouvera pas de buffle et le copain rentrera un peu déçu mais le guide super content. On rentrera à Bangui l'après-midi.

La Gounda en moto

Dans la même semaine, Jean m'appelle et me parle du cône pour appeler le lion. Il me dit :

- Pourquoi tu n'apprends pas à piloter un petit avion ? J'ai un bon copain instructeur et moniteur.

- Pourquoi pas...

- Cela te permettrait d'aller dans les camps de chasse éloignés et notamment chez Martine et à la Gounda.

J'y avais pensé au Mali avec les ULM et Jean finit de me convaincre. C'était une bonne idée et je commençais ainsi à prendre des cours. Ça marchait bien, j'avais mes heures de vol en poche et je devais passer mon brevet s'il n'y avait pas eu « l'insurrection ». Et oui, c'est souvent comme ça en Afrique ! Cependant, cette expérience a été très positive pour moi à plusieurs niveaux : l'apprentissage du pilotage de l'avion (j'y reviendrai plus tard) mais surtout au niveau relationnel car c'est comme cela que je suis entré en contact avec Mathieu, qui tient la réserve de la Gounda.

Avec le moniteur et pour tester mon pilotage, nous organisons un vol jusqu'à la Gounda pour faire parvenir à Mathieu des denrées alimentaires destinées aux visiteurs. Aussi, Mathieu me dit :

- Pourquoi tu ne montes pas ici en moto ? Ce serait une super sortie !

- En voilà une bonne idée ! Je vais étudier cela de plus près et je te tiens au courant mais c'est sûr que je vais monter !

Sept cents kilomètres de piste en moto, il faut assurer et surtout bien s'organiser. Il faut être au moins deux motos et prévoir une voiture pour assurer la logistique. Jeannot est partant, sa femme prendra la voiture, Christine viendra en moto mais deux fois sept cents kilomètres cela fait beaucoup. On va se débrouiller... Je téléphone à Mathieu pour lui demander à quelle date on peut venir (il faut compter une semaine) et il ne faut pas que le camp soit plein de visiteurs. Il va se renseigner et me promet de me tenir rapidement au courant mais surtout, il tient à ajouter : « *Si tu montes à la réserve en moto, il me faut absolument une moto pour moi ! Jean t'enverra les infos pour la piste à prendre et comment entrer dans la réserve !* »

Ça change nos plans. On peut prendre la moto de Christine mais il faut trouver quelqu'un qui puisse la conduire au moins la moitié du temps.

Le trajet sera long, même pour moi. J'en parle à Jeannot qui trouve un copain vendeur de peinture qui accepte de monter la moto de Christine à l'aller et qui redescendra, si possible par un petit avion car il ne peut prendre que trois jours. Super ! Avec Jeannot, on reprend la programmation et l'organisation : pour la bouffe, ce n'est pas un problème, on a l'habitude mais il faut étudier de près le trajet. Ça, c'est mon job ! Premier jour, cinq cents kilomètres de route puis piste jusqu'à Bamingui. On dormira au camp situé à la sortie près de la rivière.

On part à huit heures. Il fait bon rouler, l'air est un peu frais. On avale les cent premiers kilomètres sur le goudron et en une heure trente, on arrive à Sibut. On fait le plein et une pause-café avant d'attaquer la piste. Celle-ci est bonne et on tient les 60 km/h sauf dans les villages où des poules n'arrêtent pas de traverser devant les motos. A la sortie du gros village de Dékoa, un nuage noir remplit l'horizon. On roule tranquillement quand devant nous, se dresse un feu de brousse : les villageois ont mis le feu pour la culture sur brulis mais, avec le vent, le feu s'est étendu et est passé au-delà de la piste. On s'arrête. Ça crépite de partout et dans les hautes herbes, les flammes montent facilement à trois mètres. On hésite un moment… Bon, pas de foulard qui traîne en moto, il faut passer relativement vite mais pas trop pour ne pas tomber et devoir s'arrêter. C'est parti ! Les trois motos passent avec un gros coup de chaud puis c'est au tour de la voiture. A Kababandoro, on fait de nouveau le plein d'essence puis on prend la direction de Bamingui. On est dans les temps, on arrive à dix-sept heures. On passe le village à la recherche d'un coin tranquille près de la rivière où nous pourrons camper. Tout va bien, on ressent quand même un peu de fatigue dans les bras et dans les mains mais avec la nuit, cela devrait aller.

On se lève à sept heures. Huit heures, départ pour Ndele où on refait le plein, car après il n'y a plus rien sur des kilomètres. On demande la piste indiquée par Mathieu et on met les compteurs kilométriques à zéro. « *A compter de la station, vous ferez soixante-trois kilomètres et arriverez dans un grand virage à gauche. Là, il faut trouver la piste sur la gauche mais elle n'a pas été utilisée depuis cinq ans !* » On saura après pourquoi…On arrive dans le fameux virage, on arrête les motos et la voiture puis à pied, on cherche la piste depuis la route : aucune trace ! On rentre dans le sous-bois et marchons parallèlement à la piste, à cinq mètres les uns des autres. On refait un second passage un peu plus loin.

- Là ! Regarde, c'est pas une trace de roue ?

- Ça m'en a tout l'air !

On la suit et effectivement un peu plus loin on trouve deux autres traces parallèles. On attrape les machettes, on dégage le passage et très vite, on aperçoit parfaitement la piste une fois sortis des bambous. Super, on dégage le passage pour y accéder tout en faisant un virage pour ne pas déboucher directement sur la grande piste. On suit les consignes de Mathieu qui ne souhaite pas l'ouverture de cette entrée dans la réserve. Christine s'est avancée à pied un peu plus loin et revient enchantée : « *La piste est bien tracée après la forêt.* » On coupe les petits bambous pour faire passer les motos puis la voiture et on prend soin d'en remettre quelques-uns en travers comme l'a demandé Mathieu.

Christine a repris la moto et on roule doucement, côte à côte. Un petit phacochère fait semblant de nous charger. On s'arrête…Il fait demi-tour et cette fois, c'est nous qui le poursuivons, C'est génial et ça commence bien ! La piste est bien tracée et passe dans une alternance de forêts et de savane. La forêt est claire et nous apercevons deux gros buffles qui s'enfuient au bruit des motos. Là-bas, un camp de braconniers fait du feu et les ombres disparaissent dans les arbres, ce que je signalerai à Mathieu. On roule calmement, côte à côte ou les uns derrière les autres pour éviter les branches et les hautes herbes. Ça, c'est de la découverte !

Après une bonne heure ainsi, nous arrivons à une clairière avec des bâtiments. C'est l'ancien camp de chasse de Valéry Giscard d'Estaing. On gare les motos et la voiture. On fait le tour à pied, quel endroit magnifique ! Il y a une petite maison en dur, composée d'un grand salon avec cheminée donnant sur une belle terrasse où nous nous installerons pour camper. Deux chambres sont fermées à clé. Ce petit joyau a été construit à côté d'un ruisseau à l'eau claire, ce sera parfait pour la toilette. Un peu plus loin, un autre bâtiment abrite une cuisine, équipée en inox, avec je suppose une chambre froide et une pièce qui devait servir à découper le gibier. Il y a de la poussière mais tout est encore en état. A qui cela appartient-il maintenant ? J'en ferai bien une résidence secondaire ! Plusieurs hangars abritent des carcasses de camions et de vieux 4x4 hors d'usage. Il y a beaucoup de désordre. On revient à la terrasse et on monte nos tentes. C'est génial, l'eau du ruisseau est fraîche pour la toilette ! L'endroit est si calme, un petit paradis.

Après une bonne nuit, je me lève, j'ouvre la tente et là, surprise ! Des antilopes sont en train de brouter à dix mètres de nous : « *Chut ! Viens voir !* » Christine n'en revient pas, elles n'ont pas peur. Bien qu'elles nous aient vus, elles restent et mangent tranquillement. Nous restons là, assis dans la tente à contempler ce tableau magnifique. Jeannot et le copain se lèvent tandis que les animaux, pas effrayés, s'éloignent doucement peu à peu dans les environs. On se fait un petit déj tranquillement car on sait que l'on n'est pas loin du but. Au début, la piste est très agréable et on croise de nombreuses antilopes. Nous roulons encore et arrivons à une barrière que l'on ouvre pour passer en voiture. C'est le début de la réserve de la Gounda, parc protégé dont Mathieu est le gérant. « *Roulez doucement en restant groupés* » avait dit Mathieu. C'est ce que nous faisons et nous nous régalons de ces paysages de savane arbustive très aérée et où les animaux sont bien visibles seulement des ornières faites par les 4x4 apparaissent et pour couronner le tout du sable. Et le sable, tous les trois, on n'aime pas ça ! Après quelques chutes sans gravité qui nous font pester, on entre dans une grande savane où les animaux sont rois : on ne sait plus où donner de la tête. Des pintades partout !

Une demi-heure plus tard, Mathieu, sa femme et sa fille sont là dans la cour où ils ont entendu le bruit des motos. De grandes accolades et un rapide tour d'horizon pour savoir si tout c'est bien passé que l'invitation ne se fait pas attendre : « *Allez, venez boire un coup ! Après on vous montrera vos chambres.* » Mathieu a déjà tout prévu. Ainsi, la réserve ne recevra aucun visiteur extérieur aujourd'hui ni demain matin. « *Demain matin, on fera les pleins des motos et je vous emmènerai dans la réserve. Le chauffeur conduira le gros 4x4 station wagon ouvert, où les femmes et un de vous pourrez nous suivre et admirer nos animaux. Un guide armé sera avec vous, au cas où. L'après-midi, je reçois les visiteurs, mais vous garderez le 4x4 et irez avec le chauffeur sur un circuit que je vous indiquerai : il n'y a pas de lion ni de prédateurs !* »
Après une bonne nuit dans un lit confortable, nous sommes en pleine forme. Mathieu prend la moto de Christine et moi je suis avec Jeannot. Le 4x4 ferme

la marche mais avant, il nous fait un petit point sur les consignes de sécurité : « *Normalement, les motos sont interdites dans tous les parcs car les animaux ne savent pas ce que c'est et pourraient les prendre pour de nouveaux animaux. Aussi, on roule les uns derrière les autres distants d'une trentaine de mètres. En cas de problème, on s'arrête, on passe en première prêts à démarrer et on attend que je vienne. Si je passe, c'est que vous pouvez passer !* » Mathieu est né au milieu des animaux et connaît parfaitement leur comportement. Et moi, j'ai parfaitement confiance. C'est parti ! On roule à 30 km/h et dans cette grande savane, c'est le pied. Les animaux sont là, à droite et à gauche, des antilopes et des phacochères…On longe la lisière du bois, Mathieu passe à une dizaine de mètres d'un cobe de fassa mais ce dernier, me voyant arriver veut se mettre à l'abri dans la forêt. Il ne passera jamais entre les deux motos qui représente un animal ou un prédateur pour lui, alors il se met à courir pour passer devant Mathieu. Ce dernier l'a vu mais ne ralentit pas. Deux cents ou trois cents mètres à courir à côté de lui : Que c'est beau ! Il faudrait pouvoir filmer mais on n'avait pas de caméra à l'époque. Tout à coup, on voit l'animal accélérer et tourner à droite. Il saute et passe au-dessus de la roue avant de Mathieu. Ouf ! Quelle frayeur ! Mathieu s'arrête, rigole et nous dit : « *L'animal calcule sa vitesse par rapport à la tienne de prédateur et il ne passera jamais derrière toi. C'est pour ça que je n'ai pas freiné !* » C'était super !

Là-bas dans la savane, à la limite de la forêt, je distingue un troupeau de buffles. On s'arrête. Ils nous ont vus. Mathieu réagit aussitôt : « *Restez sur la piste, prêts à démarrer. Je vais aller les « chatouiller mais attention, s'ils chargent, je vous ferai signe de partir et tandis que moi j'irai dans un sens, vous irez dans l'autre !* » Pas très rassurant tout ça mais j'ai confiance. Mathieu avance dans les herbes en moto quand la vieille femelle qui dirige le troupeau souffle et gratte du pied. Tout le troupeau fait face. La tension monte, la poussière aussi. Une première charge de trois à quatre mètres puis les animaux s'arrêtent. Mathieu continue mais commence à tourner. Deuxième charge sur une trentaine de mètres cette fois-ci ! Mathieu fait demi-tour car il a senti que c'était le dernier avertissement. Nous, on avait déjà enclenché la première et un peu les gaz ! « *J'ai tourné au bon moment !* » Au loin, des éléphants traversent devant nous. Mathieu s'arrête, il a repéré qu'il y avait un retardataire et dans ce cas, il vaut mieux laisser passer tout le troupeau.

On roule à présent le long de la rivière Gounda, précieux point d'eau pour les animaux au milieu des herbes hautes. Tout à coup, derrière Mathieu, une lionne traverse sous mes yeux ! Elle s'arrête dans les herbes à une dizaine de mètres. Je m'arrête, enclenche la première et j'attends Mathieu qui, ne me voyant plus dans son rétro fait demi-tour pour me rejoindre.

- *Regarde à droite dans les herbes, il y a une lionne.*
- *Ok, je la vois ! D'où vient-t-elle ?*
- *D'ici.*

Je lui montre le passage. Il met la moto sur sa béquille et descend sans couper le contact. Il fait cinq mètres en marchant, regarde le passage et me dit « *Il y a du sang, elle vient donc de manger et après seulement elle ira boire ! C'est bon !* » Il remonte sur la moto, met la première et me dit : « *Suis-moi, on va la faire courir !* » En faisant signe au 4x4 et à son guide à la carabine de se poster à coté, il entre dans l'herbe et doucement, se dirige vers la lionne qui se lève et se met à marcher devant lui. Moi je n'ai toujours pas bougé. Mathieu me lance : « *Alors tu viens ?!* » Je préfère regarder ce spectacle incroyable. Il réussit à la pousser avec la roue avant et ça sur une centaine de mètres : impensable ! Mathieu est debout sur sa moto, il se régale alors que Jeannot et moi sommes scotchés sur les nôtres. Nos femmes et le copain dans la voiture n'en croient pas leurs yeux ! Il est fort ce Mathieu, oser pousser une lionne avec une moto ! Du jamais vu ! Par contre, on pourrait facilement imaginer le contraire : une lionne qui court derrière la moto ! La balade continue et c'est que du bonheur. Ici, un phacochère la queue en l'air traverse la piste avec ses quatre petits. Là-bas, deux ou trois girafes effrayées par le bruit, s'enfoncent dans les arbres. Des cobes de fassa viennent se désaltérer dans la rivière. On arrive au bout de la grande savane, toujours le long de la rivière. Mathieu s'arrête et me fait signe de venir. Je le rejoins avec Jeannot et on se place côte à côte.

- *Regardez ! Devant sur la piste* ! On voit effectivement un gros tas marron.
- *Qu'est-ce que c'est ?* Mathieu rigole.
- *Un lion !* En fait, il le connaît bien et savait qu'on allait le trouver dans les parages.
- *Lui aussi a mangé, et il fait sa sieste mais sur la piste !*
- *On va passer à côté de lui doucement sans à-coup.*

- Quoi ?!

- Mais restez en première au cas où ! On va passer là, suivez-moi.

Il passe à côté du lion qui relève légèrement la tête et la repose nonchalamment sur le sol. Hum… Jeannot me regarde : « *Tu y vas ?* » Allez, c'est parti… pas très rassuré, je regarde devant moi puis jette un regard de travers pour sonder le lion. Je suis crispé. Mathieu rigole : « *Détends-toi !* » Jeannot passe tranquillement suivi par la voiture et à chaque passage le lion a la même réaction : il lève la tête et la repose. C'est quand même extraordinaire de voir ça ! On continue mais plus loin Mathieu s'arrête à nouveau et descend de moto. On fait de même et on attend les occupants de la voiture. Il avance derrière les herbes en bord de rivière : « *Regardez en face ! Deux gros crocodiles se font bronzer au soleil.* » En effet, les deux énormes bestioles qui se prélassent à dix mètres de nous nous ont entendu et se faufilent à présent dans l'eau.

En fin de matinée, on revient vers le campement et Mathieu met un peu les gaz pour s'amuser. On le suit. Le camp est maintenant à portée de vue mais pour rentrer il faut traverser une partie de la grande marre. Heureusement, il y a un chemin empierré recouvert d'eau sur une vingtaine de centimètres. « *Restez bien au milieu et fixez-vous un cap ! Tout le monde passera sans problème.* » On arrive dans la cour où la femme de Mathieu et sa fille (trois ou quatre ans) nous attendent. Elles ont entendu les motos et la petite se précipite auprès de son père :

- Moi je veux faire de la moto ! Mathieu la prend mais regarde l'heure.

- L'avion va arriver, je n'ai pas le temps ! Demande à Doume s'il veut bien t'emmener faire un petit tour.

- Bien sûr ! Allez, monte ! Devant moi, elle fait un petit signe à sa maman.

- Où va-t-on ?

Le chauffeur de Mathieu me fait signe de le suivre. Je préfère ça et nous voilà partis. Il nous emmène sur une piste où il n'y a que des antilopes. La petite est ravie, elle est très attentive et remarque tout. Elle pose ses mains sur le guidon comme si elle voulait conduire mais je ne lâche pas. Elle me montre une antilope puis les phacos, elle n'est pas du tout impressionnée par l'environnement ni la moto. Elle veut continuer mais le chauffeur a tourné ce qui lui vaut une grimace ! On revient dans la cour où sa mère l'attend avec impatience. Je la fais descendre. Elle saute de joie alors que sa maman tend les bras. Autour d'une bière fraîche, Mathieu nous décrit la suite du programme : « *Cet après-midi, je ne pourrai pas vous accompagner, mais vous irez dans la savane avec la voiture et le chauffeur. Il n'y a pas de lion, vous ne risquez rien mais gardez les consignes en tête. Je vais te donner les points de repère et de toute façon, le chauffeur connaît.* » Super !

A quinze heures, les trois motos prennent la piste, suivies par le 4x4 et le chauffeur. A 30 km/h, on se met debout sur les cale-pieds pour mieux dominer la savane et voir les animaux. On roule une demi-heure et on arrive à la rivière qu'il faut traverser. On s'arrête, je demande au chauffeur si l'eau est profonde : « *A peu près jusqu'aux genoux !* » Bon, ça devrait aller. Les trois motos passent aisément puis on attend la voiture qui s'engage et cale en plein milieu. Le chauffeur redémarre et au lieu d'avancer, on voit la voiture s'enfoncer ! Il a oublié de mettre le mode 4x4 ! Il l'enclenche et essaie encore mais rien à faire, la voiture est posée sur le sable. De l'autre côté, qu'est-ce qu'on rigole ! Ce n'est pas le cas du chauffeur qui sait qu'il va se faire engueuler… Les femmes rigolent aussi dans la voiture. Le chauffeur prend la radio et informe Mathieu qu'on entend hurler : « *C'est pas possible ! C'est quand même pas la première fois que tu passes ici ! Je ne peux pas venir maintenant, j'arrive dans une heure !* » Que faire ? Et qu'il fait chaud ! Alors, sans prévenir, Christine saute dans l'eau et barbotte, allongée et toute habillée : « *Elle est super bonne !* », nous lance-t-elle pour nous inviter. On se met en short, et en moins de deux, plouf tout le monde est à l'eau… sauf le chauffeur qui reste au volant sans un mot, vexé comme un pou. Un 4x4 arrive. Mathieu éclate de rire en nous voyant :

    - Vous n'avez pas peur ? Il y a des crocodiles par ici !

    - Avec le bruit qu'on fait, on ne risque rien !

    - Tu as raison !

    - Peux-tu accrocher le câble à l'anneau devant ?

Je tire sur le câble qu'il me tend et accroche le crochet à l'anneau de notre 4x4. Il remonte dans le sien et : 1-2-3, on y va ! La voiture sort de l'eau sans difficulté. Mathieu a décroché le câble et est reparti aussi vite qu'il était venu. On rentre au camp mouillés, mais quelle belle journée inoubliable ! Après le repas, devant une bonne bière, Mathieu nous raconte quelques aventures qu'il a vécues : les nôtres, à côté, sont de la rigolade. Son père, un des plus grands guides et chasseurs de son époque, a élevé Mathieu au milieu des animaux et les rencontres dans la brousse étaient, à cette époque, imprévues et quotidiennes et il fallait vivre avec. Je ne les rapporterai pas ici car elles ne sont pas de mon ressort mais elles valent vraiment le coup d'être racontées. Mathieu a pris le même chemin que son père et à mon avis sa fille fera de même.

Le lendemain, il reçoit des visiteurs donc on ne pourra pas aller dans la réserve en moto. L'avion emmènera le copain qui a monté la moto depuis Bangui. « *Vous pourrez quand même faire un tour sur la piste principale de l'entrée de la réserve, ce sera une bonne reprise en main pour Christine.* » Oui, il va falloir faire le retour mais en deux jours, elle est tout à fait capable d'assurer. Ce sera fatiguant mais on en a vu d'autres ! On fait donc un aller-retour jusqu'à l'entrée du parc, Jeannot passe devant, Christine suit et moi, je ferme. C'est super et elle a la moto bien en main. En passant à côté d'un gros bosquet, je vois sortir un buffle qui, en me voyant, fait comme l'antilope avec Mathieu. Il se met à courir et, pour rentrer dans la forêt, ne veut pas passer entre Christine et moi alors, il court, parallèle à elle et la rejoint. En un rien de temps, ils sont maintenant côte à côte. Elle l'aperçoit et fait comme Mathieu, elle continue sans freiner. Quel moment ! Ahhh si j'avais eu une caméra ! Je vois qu'elle le surveille, la scène est extraordinaire. Un buffle à côté d'une motarde, j'aurais eu l'image du siècle ! Après deux cents ou trois cents mètres… Je vois le buffle accélérer, il dépasse la moto et traverse d'un bond pour regagner la forêt. Christine lève le bras avec le pouce en l'air, j'accélère et me mets à coté : « *Bravo, t'es une pro !* » Elle rigole. Arrivés à la barrière, Jeannot nous attend et n'a absolument rien vu de la scène magique qui vient de se dérouler. Nous quittons les casques le temps d'échanger quelques paroles et de rigoler un peu, cela a mis Christine en confiance pour le retour. Elle se mettra même debout sur les cale-pieds. On rentre au camp où je contrôle le niveau d'essence des motos puis l'huile un peu plus tard. La pression des pneus est bonne. Tout est ok pour le lendemain ! On prépare les sacs et vérifions les glacières pour le départ. Le retour se fait sans problème en deux jours sous un temps splendide malgré que comme nous, Christine a un peu mal aux mains et aux bras.

Le lendemain, au club de tennis, les commentaires iront bon train car tout le monde aura envie de faire la même virée, surtout les nouveaux motards. Mais avec les 125 cm³, cela sera difficile !

264

Pilotage et petites frayeurs

Ayant une quarantaine d'heures de vol à mon actif, je pilote l'avion seul mais uniquement autour de l'aéroport. Ainsi, je me régale, je me fixe des villages sur la carte et je fais mon propre plan de vol. Je suis assez content de moi et prends de l'assurance de jour en jour.

Un matin, je préviens le moniteur que je vais faire un vol. Je décolle et une fois stabilisé parallèle à la piste, la tour de contrôle me dit : « *Gardez votre cap et n'ayez pas peur !* » Quoi ?! Vrrrrroum !!! Me voilà secoué à gauche et à droite, je cramponne le manche ! Quel con ! Un jaguar de l'armée française vient de me passer devant et je sue à grosses gouttes. Le moniteur m'avait prévenu : « *Quand il n'y a pas de vol régulier des grandes lignes, les pilotes de jaguar s'entraînent et s'amusent comme des fous !* » La tour aurait pu me prévenir qu'ils étaient en l'air. Bon, je me remets doucement de mes émotions et reprends mon plan de vol. Tout se passe bien et je finis ma séance en demandant à la tour l'autorisation de me poser : "*Ok, la piste est libre, vous pouvez atterrir.* » Je règle mon altitude, je m'aligne sur la piste et confirme mon atterrissage. « *Ok, vous pouvez vous poser !* » Je descends et arrive au-dessus de la raquette (l'endroit de la piste où tournent les gros avions). A cet instant, je suis à seulement dix mètres du sol et je contrôle bien quand la tour m'ordonne : « *Remettez les gaz et dégagez sur la droite !* » Je remets les gaz et là, devant moi je vois un jaguar qui atterrit face à moi ! L'avion reprend de la hauteur et je tourne à droite. Ouf mais ils le font exprès ! Quel con ! Ils exagèrent ! En fait à la radio, nous, on ne les entend pas (question de fréquence) mais eux entendent tout, et nous ignorent totalement ! Finalement je fais un autre tour et je me pose sans problème. Je rentre l'avion au parking ; le moniteur est là. Lorsqu'il a entendu les jaguars, il s'est précipité à l'aéroport. Il rigole et me félicite :

-   *Bravo, tu as été très bon, félicitations !*
-   *Ouais, mais quelle trouille !*
-   *Désormais, avant de voler, demande à la tour s'il y a des exercices de l'armée française !* Je vais retenir la leçon.

J'ai attendu quatre mois pour passer mon brevet de pilote et, au moment de passer l'examen, l'insurrection s'est installée dans Bangui et je n'ai pas pu le présenter. Ayant cependant acquis un bon niveau, le moniteur m'invite à participer à une sortie sur la réserve de la Gounda. Aller voir Mathieu, bien sûr que je suis partant mais il ne m'a pas précisé avec qui je volerai. Le moniteur prend un avion et monte avec trois copains tandis que moi, je dois accompagner un nouveau pilote arrivé de France avec son avion personnel mais piloté par un professionnel. C'est son premier vol à l'intérieur du pays. Le moniteur : « *Doume, prépare le plan de vol et les cartes comme si c'était toi qui allais piloter, c'est un bon exercice.* » Le moniteur décolle… Nous, vingt minutes plus tard. Le nouveau ne maîtrise pas toutes les procédures. Bizarre. On décolle sans problème quand je le vois brancher son GPS. Je lui demande s'il a fait un plan de vol avec les villages comme repère. « *Non*, me dit-il, *moi, je navigue au GPS.* » Mais ici en Afrique, s'il tombe en panne ? Il vaut mieux avoir des cartes, même si on ne s'en sert pas mais il n'a pas de carte non plus ! Je comprends maintenant pourquoi le moniteur m'a dit de tout préparer : cartes et points de passage. Je sors ma carte et lui demande à quelle vitesse on vole. Il me répond, je calcule rapidement.

- *Tiens, là, on doit survoler Damara !*

- *Ah bon, tu en es sûr ?*

- *Oui.*

Dix minutes plus tard :

- *Ça, c'est Sibut.*

- *Comment tu le reconnais ?*

- *Regarde, il y a un grand croisement de route, et je suis passé là en voiture et en moto.*

- *Ah oui ?*

- *Tu ferais bien de prendre des repères pour une autre fois !*

J'obtiens inlassablement la même réponse durant tout le voyage : « *J'ai mon GPS !* » Arrivés au point GPS du camp, il me demande :

- *Où est la piste ? Je ne la vois pas !*

- *Normal, elle est à l'ouest du camp au milieu des arbres. Je lui montre la direction.*

- *Heureusement que tu es là sinon je les aurais appelés à la radio !*

On descend, il s'aligne, mais est beaucoup trop haut. Certes, il y a des arbres mais ici le sol est tellement chaud que l'air y est très portant. A la moitié de la piste, l'avion n'est toujours pas posé : « *Remets les gaz, on n'y arrivera pas !* » Il s'exécute et on refait un tour. « *Il faut que tu rases les arbres pour être suffisamment bas pour atterrir !* » Il n'a pas l'habitude et on est encore trop haut. Il met les gaz et plonge à pic. On se pose en catastrophe, l'avion voit sa tête plonger la première au lieu d'être cabré ! On roule de travers, il freine à mort et nous quittons la piste pour s'arrêter à dix mètres de la forêt. Ouf ! J'ai vraiment eu chaud ! Les deux 4x4 d'André arrivent à toute vitesse : « *Ça va ?!* » La roulette de nez de l'avion est bien pliée vers l'arrière, signe que le choc a été très important. « *C'est pas grave, dit Mathieu, on va la redresser ! En attendant, on va vous tracter jusqu'au parking.* » Je regarde le moniteur qui a tout compris : il hoche la tête et me dit tout bas :

- *Bon, vous êtes là et c'est l'essentiel.*

- *Oui bien sûr mais tu aurais pu me prévenir.*

- *On ne le connaît pas encore et les autres ne voulaient pas monter avec lui.*

- *Bon, allez Doume, viens boire une bonne bière, me dit Mathieu. Content de te revoir, quand remontes-tu en moto ? La petite demande où tu es, elle est adorable !*

A la maison, ce sont les grandes embrassades et la petite m'a reconnu : « *Où est ta moto ?* ». On passe un bon moment et dans l'après-midi, j'accompagne Mathieu et le moniteur pour redresser la roulette de nez.

- *C'est pas méchant, on va y arriver mais il faudra la changer.*

- *On va pouvoir repartir ?*

- *Oui, pour le décollage, pas de problème mais à l'atterrissage, il faudra qu'il aille doucement !*

On fait, comme d'habitude, une très belle balade dans la réserve où les animaux et le lion seront à peu près au même endroit. Quand vient le moment du départ, le moniteur s'adresse à nous : « *Vous allez décoller les premiers.* » Puis, il s'adresse au nouveau et lui dit : « *Sors tous les volets et mets les gaz à fond !* » Je monte, pas vraiment rassuré mais il faut y aller. On roule, on roule, on entend de drôles de bruits venant de la roulette mais on finit par décoller et nous passons au-dessus des arbres. Ouf, tout va bien. Le retour se fera dans de bonnes conditions malgré l'absence de points de repère, hormis les miens. Quand on arrive à Bangui, la piste est libre. Sur mes conseils, il demande à la tour de contrôle si l'armée française fait des essais. « *Non.* » lui répond la tour de contrôle. La piste est très longue et la visibilité très bonne. Il sort les volets, on ralentit et il se pose en douceur. Malgré quelques bruits durant le roulage, on arrive au parking sans difficulté. Aujourd'hui ça va, mais quel voyage ! Je m'en souviendrai !

Les sorties avec le Club hippique

Au club hippique, un nouveau bureau a été élu et l'arrivée d'un moniteur permet de dynamiser les activités. Il y a une super ambiance et chacun fait de son mieux pour rendre cet espace agréable et joyeux. On y organise les plus belles et grandioses soirées de Bangui où plus de trois cents personnes viennent se divertir aux apéros, spectacles de chevaux avec Zorro (joué par Stéphanie) et aux nombreux dîners et soirées dansantes où Boubou et moi-même sommes désignés pour ouvrir le bal. Ces soirées drainent toutes les communautés de Bangui et sont vraiment à ne pas manquer.

En dehors de la carrière, le club organise des sorties rando à cheval sur les bords du fleuve, dans la savane, dans la forêt galerie et sur les plages des rives de l'Oubangui. Au nord de la ville, les privés ont des cabanons, ces grandes paillotes construites sur les berges du fleuve, où de temps en temps on vient passer la nuit avec les jeunes cavaliers. C'est vraiment très sympa mais le « must », c'est à la saison sèche, quand les eaux du fleuve laissent découvrir de grands bancs de sable accessibles depuis les berges. Alors on y vient à cheval et on y fait la course en selle ou à cru, des galops effrénés qui finissent généralement dans l'eau. Ces moments de baignade avec les chevaux, c'est vraiment le pied. Que de bons moments passés avec les copains et les jeunes. Parfois, on organise aussi des sorties cheval-moto. On remonte les berges découvertes du fleuve et le retour s'effectue par les bancs de sable. Ces sorties s'agrémentent d'imprévus mais finissent toujours bien. Que de bons souvenirs ! La rupture de la corde du hamac en pleine nuit, ma moto plantée dans un trou au milieu des herbes, le cheval qui prend peur et rentre directement au club au galop avec son cavalier impuissant, l'attaque des grosses cigales de forêt à la tombée de la nuit sur les lampes de camp ou encore les chutes de cavaliers et le chemin des bosses en moto. Et j'en passe ! Chaque événement est prétexte à faire la fête : anniversaires, pots de départ… Tiens, pour l'anniversaire de Stéphanie, on louera la boîte de nuit d'Annie la « Claudette » ! Quelle fête ! Heureusement que l'on n'avait pas beaucoup de route à faire. A six heures du matin, je raccompagnerai Stéphanie sur ma moto et, en roulant, elle voudra courir avec un militaire en train de faire son footing !

Rencontre avec Bokassa :
La cage aux lions et les crocodiles

A Bangui, j'habite dans le centre, sur une petite route calme. Très souvent, quand je sors de chez moi, je rencontre Monsieur Bokassa avec son « placard » de médailles sur la poitrine. On se salue régulièrement et de temps en temps, il me livre quelques conseils ou histoires. Un après-midi, visiblement, il m'attendait : « *Bonjour, petit. Je veux te montrer quelque chose. Je peux monter sur ta moto ?* » J'hésite. Ce n'est pas raisonnable et puis circuler avec Bokassa derrière moi en moto, bonjour les réflexions ! Finalement, je lui réponds par la négative et lui appelle un taxi qui passe par là. Monsieur Bokassa monte dans le taxi tandis que le chauffeur se met au garde-à-vous. « *Petit, suis-nous.* » On prend la route de Mbaïki puis à deux kilomètres, on tourne à gauche sur une piste qui arrive sur quatre voies goudronnées le long du fleuve. Impensable ! Pourquoi personne ne m'a parlé d'une telle route ?! L'explication viendra toute seule. On arrive devant un grand portail. Bokassa descend et appelle le gardien qui se met également au garde-à-vous puis lui ouvre. « *Attendez-moi ici !* dit-il au taxi. *Petit, rentre ta moto.* » Le lieu est à la fois grandiose et surprenant : la case du gardien est en dur, accompagnée d'une bonne construction ce qui est surprenant pour une case de gardien. Là, à côté de la porte d'entrée, il y a une plaque noircie par le temps qu'il attrape et me tend. Que c'est lourd ! C'est la plaque en bronze où sont inscrites toutes les distinctions militaires de Monsieur Bokassa et surtout, ses médailles françaises. Super ! Je la repose. « *Ici, c'est la résidence de mon épouse, la roumaine Catherine.* » Ah, je comprends maintenant l'avenue précédente. A gauche, il me montre un grand bassin rempli d'eau, entouré de végétation. Je repère une grille solide devant une porte qui débouche sur un canal se dirigeant vers une grande place ronde. Étrange. On passe sur un petit pont qui enjambe le canal et on arrive à cette grande esplanade circulaire où sont disposés une vingtaine de plots en béton d'une cinquantaine de centimètres de haut. Au milieu de l'esplanade trône un fauteuil en marbre de carrare sacrément imposant ! Bokassa, voyant mon air circonspect me commente la visite : « *Ces plots que tu vois, ce sont les sièges des ministres de mon gouvernement ! Ils sont disposés en demi-cercle et, à un mètre derrière, passe le canal !* » Bokassa s'assoit dans son fauteuil, fier comme un roi, et continue :

- C'est là que je faisais mes conseils des ministres et je faisais le tour de chacun. Quand l'un d'eux n'était pas d'accord et qu'il refusait de me suivre, alors avec ma canne, je le poussais pour qu'il tombe dans le canal ! » Il me regarde, hésite un moment comme pour sonder ma réaction. *Dans le canal, il y avait des crocodiles qui venaient du bassin. Ils faisaient le reste !* Rien que d'imaginer cette situation macabre, je fais la grimace ce qui le fait rigoler. *A cette époque, c'était le seul moyen de se faire respecter !* Mouais…histoire difficile à digérer quand même ! Il se régale :

- Je vais te montrer : assieds-toi là !

- Non merci je vois !

Il rigole. Nous revenons en arrière et passons sur le pont où j'en profite pour jeter un coup d'œil sur le canal. Il m'a vu et me dit : « *T'inquiète pas, il n'y a plus de crocodiles !* » J'avais remarqué… Devant nous se dresse maintenant un grand bâtiment de plein pied avec un toit en tuiles rouges noircies par la pluie. Le gardien ouvre la magnifique porte de bois rouge. A l'intérieur, tout le mobilier a disparu ainsi que les lustres, mais le plafond en bois exotique avec ses dessins géométriques est splendide. Un travail d'un professionnel. « *C'est la pièce de réception et maintenant nous allons au salon.* » On entre dans une pièce plus petite mais de bonne taille puis dans un autre salon et toujours ces plafonds en bois de différentes couleurs. Puis, au moment d'y pénétrer, Bokassa me dit : « *Ça c'est la salle de Madame.* »

Normalement, nous n'avons pas le droit d'entrer. Une salle de bain tout en marbre blanc avec une superbe baignoire de marbre ronde. « *Il manque les robinets en or massif, ils ont été volés ! Idem pour le lavabo !* » Ce devait être magnifique ! On arrive à l'extrémité du premier bâtiment où dehors, une piscine de vingt-cinq mètres de longueur en parfait état et avec des échelles en inox occupe un superbe emplacement. Perpendiculairement, un bâtiment aussi grand que le premier : la chambre de madame. Puis deux autres chambres s'ensuivent et pour finir, une cuisine avec des chambres froides et les salles pour le personnel. Au milieu de ces bâtiments s'étend un jardin qui a dû être magnifique par le passé avec de grands arbres bien espacés et répartis pour faire de l'ombre. Plus loin, il me montre la salle des banquets : salle d'une vingtaine de mètres de long, au plafond magnifique.

Ce devait être du grand luxe ! Soudain, il me tire par la main vers le fond du jardin. Hum…. « Attention où tu mets les pieds… » me dis-je.

Il tient visiblement à me montrer quelque chose de particulier. On avance et derrière un bosquet d'arbustes entremêlés de rosiers grimpants, deux gros rochers artificiels en béton lissé sont séparés par une énorme grille qui monte jusqu'en haut : on distingue trois compartiments séparés par des portes en acier. « *La cage aux lions ! Elle est vide maintenant.* » Il ne dit pas un mot, mais je sens qu'il me cache quelque chose. C'est alors qu'il se dirige à l'arrière du premier rocher où je découvre un escalier sculpté dans le béton. « *Viens, petit !* ». Alors je monte et arrive sur une passerelle métallique qui relie les deux rochers. Il avance pendant que je regarde où je mets les pieds. On est à présent au-dessus de la cage centrale. « *Tu peux y aller, petit, c'est solide !* » J'arrive au milieu et la grille sous mes pieds semble bouger légèrement ! Je regarde. Je suis sur une trappe ! « *Tu vois, petit, si je pousse cette manette, la trappe s'ouvre et tu tombes dans la cage* ». Parfait. Je mets tout de suite un pied de chaque côté. A ma réaction, il rigole : « *Non, ce n'est pas pour toi et puis il n'y a plus de lion dessous ! C'était réservé au personnel qui volaient les couverts en argent ou autres objets de valeurs et qui se faisait prendre à la sortie à la fouille.* » En fait, la passerelle correspond à la partie haute de la cage. Je n'avais pas fait attention en bas. Nous traversons cette fameuse passerelle et descendons de l'autre côté sur le second rocher. « *Petit, tu es le seul blanc à qui je montre cela ! Garde le bien dans ta tête et évite d'en parler ici, dans ce pays !* » On se dirige vers la sortie et je jette un dernier coup d'œil au fauteuil en marbre et au canal dans lequel j'imagine la présence de crocodiles… ça fait froid dans le dos. Le gardien nous ouvre le portail, se met au garde-à-vous et je sors ma moto. Le taxi est toujours là, le chauffeur lui ouvre la porte :

- *Au revoir, petit, peut-être à demain !*

- *Au revoir Monsieur Bokassa et merci pour cette visite !*

On se revit plusieurs fois et je n'ai jamais osé lui demander de visiter son château devant lequel on passait en moto pour aller à Mbaïki. Le bâtiment contient encore sûrement des pièces uniques et un souterrain mène à une piste d'aviation où, tenez-vous bien, les jaguars de l'armée française peuvent se poser. Ce souterrain, que connaît André, doit contenir des « trésors cachés » car tous les ouvriers qui avaient participé à sa construction ont été tués. Et, visiblement à ma connaissance et celle d'André, personne n'a pénétré dans ce lieu.

Au restaurant "Chez l'enflure"

A Bangui, il y a quatre grands restaurants dans la ville et quelques gargotes. Le plus chic, « L'escale » est un restau de luxe où la cuisine est vraiment raffinée et qu'on fréquente que pour les bonnes occasions. Tout près du grand rond-point du centre-ville, le restau « Chez Freddy » tenu par un chasseur breton, fait également de la bonne cuisine et notamment d'excellentes viandes de chasse. Souvent complet, il faut réserver, on ne peut pas débarquer à la sauvette. Le troisième dont je ne me souviens plus du nom, est tenu par la « libellule » une dame d'une corpulence certaine qui prend les commandes en s'appuyant sur son sein, ce qui est toujours impressionnant. L'histoire suivante se déroule « Chez l'enflure », un nom qui vous met déjà la puce à l'oreille ! Le patron, un vieux chasseur français « gaspillé » par l'Afrique, raconte ses aventures de chasse à qui veut bien les entendre à condition de l'alimenter en bière. C'est plein tous les soirs au moment de l'apéro, l'heure de rendez-vous des chasseurs. La grande salle, où les trophées du patron sont accrochés, a plutôt l'air d'un réfectoire décrépi ; par contre, à l'arrière, il y a une cour où trônent deux grandes tables et qui sert aussi de parking pour les voitures. Cette cour abrite deux crocodiles enfermés, de grosses tortues, des antilopes et autres bestioles variées que les gens lui amènent et surtout, des singes en semi-liberté.

Un soir, nous y allons manger avec le copain chasseur du tennis club, sa femme et ses deux enfants « terribles » qui ne tiennent pas en place, un autre couple et leurs enfants. On commande les plats, le copain prend un steak pour son fils. Le garçon grimace, la viande est dure et immangeable. Alors le copain prend à son tour une bouchée et appelle le patron. L'enflure arrive, suivi par son chien. Le copain lui lance :

- Le steak est immangeable !

- Quoi ?! Ma viande est immangeable ?! Il saisit la fourchette du gamin, pique le steak et le tend à son chien qui n'en fait qu'une bouchée.

- Tu vois qu'elle est mangeable ! On reste tous bouche bée. L'enflure lui ramène quand même un autre steak.

Une autre fois. Mêmes personnes. On mange tranquillement pendant que les gamins s'amusent avec les singes. Ils les excitent tellement que ces derniers se lancent à leur poursuite. Les gamins se réfugient à la table pendant que les singes passent en-dessous et visent le passage entre la chaise d'un des enfants et celle de la mère. Dans un réflexe, la femme tend le bras vers le bas et bloque le passage au singe. Celui-ci lui mord alors le bras, elle se met à hurler. Branle-bas de combat, vite la trousse à pharmacie ! Le copain crie et appelle l'enflure, qui observe de loin le manège des gamins et des singes. Le copain :

- Je vais me plaindre ! Est-ce que tes singes sont vaccinés contre la rage ?!

- Moi aussi je vais me plaindre ! Est-ce que ta femme est vaccinée ?! répond l'enflure.

On se regarde dubitatifs. L'enflure avait toujours le dernier mot !

La gargote sur la route de l'aéroport

Il y avait cette gargote où on allait régulièrement manger un excellent poulet à la braise farci d'herbes et de piment avec les copains du club hippique. Un délice que l'on mangeait avec les mains. Un jour, on invite Bascule. Il vient pour la première fois et apporte avec lui le Pastis et du bon vin. En arrivant, le serveur apporte une bassine remplie d'eau pour se laver les mains. Les premiers se lavent donc les mains tandis que Bascule, lui, quitte ses chaussures et s'y lave les pieds devant le garçon effaré. On commande trois bières. Bascule se retourne vers le serveur et lui dit : « *Pastis pour tout le monde !* » Le serveur lui répond qu'il n'y en a pas. « *Comment ?! Va demander au patron !* » Le serveur part et revient avec les trois bières, mais entre-temps Bascule a posé la bouteille de pastis sur la table. Il s'adresse au serveur et lui dit : « *Tu vois, il y en a !* » Le serveur ne comprend pas ce qui lui arrive !

On commande les poulets, un demi par personne mais pour Bascule il en faut un entier. Ce sont des poulets bicyclettes, ceux qui courent partout dans la brousse et qui n'ont pas du tout de graisse. On prend l'apéro en attendant (je sais à ce moment que la bouteille de Pastis va y passer). Le serveur amène les premiers poulets alors Bascule s'adresse à nouveau au serveur : « *Demande au patron une bouteille de Bordeaux !* » Le garçon lui répond « *Il n'y en a pas !* » Bascule insiste : « *Va demander au patron, je sais qu'il en a !* » Le garçon repart septique et va voir le patron, certain qu'il n'y en a pas. Aussitôt, Bascule ouvre la glacière et sort la bouteille de rouge. Le serveur revient avec la deuxième tournée de poulet et aperçoit la bouteille posée sur la table. « *Tu vois, il y a du Bordeaux !* » Le garçon ne comprend plus rien ! Tout le monde éclate de rire ! On a passé une superbe soirée bien arrosée et on a très bien mangé. Avec ou sans Bascule, on recommencera le coup des boissons à plusieurs reprises. Des sorties comme celle-là avec Bascule, il y en a eu beaucoup à droite et à gauche.

Je pourrais aussi raconter beaucoup d'autres aventures tout aussi surprenantes que j'ai vécues avec passion, comme la sortie avec Jean Morin et le colonel dans le nord du pays à la frontière avec le Tchad. Jean devait monter un château d'eau et dans la nuit, les chimpanzés ont failli emporter nos lits et nos moustiquaires alors qu'ils venaient boire au puits. Je passe aussi sur ceux qui nous ont lancé des pierres au cours d'une partie de chasse. Mais encore à Bangassou, où après avoir admiré une belle chute d'eau, Jeannot a vu sa roue arrière de moto s'enfoncer sur une planche de pont cassée. Il serait tombé à l'eau avec sa femme si je n'étais pas arrivé à temps pour les sortir de là.

Et ces repas ! Les petits déjs chez Bascule à neuf heures du matin avec charcuterie, fromages et vins à volonté : il fallait être costaud pour aller travailler après ! Tout aussi mémorable, le premier de l'an à Batalimo, fêté avec des gens très sympa, un repas déguisé et un bain de minuit dans la piscine ! C'était vraiment le bon temps.

L'insurrection à Bangui

Comme tout a une fin, tout bascule le jour où le soulèvement ou « insurrection » arrive. Le bruit des armes envahit le centre-ville et on se retrouve bloqués à la maison. Des jours…des semaines… Les balles traçantes passent devant la fenêtre de la salle à manger, les auto mitrailleuses passent à fond devant la maison et ça tire de partout.

Un soir à la tombée de la nuit, des rebelles s'engouffrent dans le jardin derrière la maison et tirent à la Kalachnikov dans la porte arrière, heureusement en bois massif. De ce côté-là, le propriétaire avait fait installer une grosse grille en fer : « *Ouvrez !* » Avec Christine, on s'assoit par terre derrière le mur et on attend... Le silence revient au bout d'un moment alors qu'ils se dirigent vers la maison du voisin…Soudain, on entend de nouveaux tirs ! Je saisis mon téléphone et appelle le numéro d'urgence de l'ambassade. Je leur explique les faits. Réponse : « *Prenez les mesures d'urgence !* » ! Et ils raccrochent. Pauvres cons ! C'est facile à l'ambassade ! Cette nuit-là, nous n'avons pas beaucoup dormi. Nous sommes restés cloitrés ainsi durant toute la semaine. Les jours suivants, on a eu le droit de sortir dans le centre mais interdiction d'aller dans les quartiers.

Le consul de Belgique, un copain, veut avoir des nouvelles du technicien de l'usine de bière qui se trouve sur la route de Mbaïki à la sortie de la ville et il ne veut pas y aller tout seul. Je l'accompagne donc, en voiture Mercedes officielle coiffée du drapeau, pour voir le copain de la brasserie Didier. Tout à coup, on se retrouve nez à nez avec un canon de l'armée française prêt à faire feu : Là, on n'est pas fiers du tout ! Après quelques explications du consul, ils décident de nous escorter et de nous raccompagner après une très courte visite au copain ! De retour à la maison le soir même, je reçois un coup de téléphone du chef de mission à l'ambassade : « *Morin ! C'était bien sur la route de Mbaïki cet après-midi ?!* »

De temps en temps, on apprenait que tel privé avait été cambriolé … puis un autre… L'entrepreneur de maçonnerie s'est même réfugié sur le toit de sa maison avec sa femme et son fusil tandis que sa maison a été vidée malgré des coups de fusil tirés en l'air : ce sont les militaires qui sont venus les chercher.

Quinze jours plus tard, l'ambassade nous dit de préparer un petit sac avec de l'argent, les papiers, les bijoux et la trousse de toilette ; rien d'autre et pas de vêtements ! « *L'auto mitrailleuse sera là dans une demi-heure ! Tenez-vous prêts !* » L'engin arrive, se positionne devant la porte pour nous récupérer avec Christine alors que les tirs s'intensifient dans le quartier. On nous conduit à M'poko, où les militaires ont installé un vaste camp d'hébergement dans l'aéroport. Il y a déjà beaucoup de gens et à l'écart, le QG de l'ambassade de France où je donne mon nom, prénom et ceux de Christine. Quelques minutes plus tard, un agent de l'ambassade vient me voir et me dit : « *Le chef de mission de l'ambassade veut vous voir, il vous attend !* » J'y vais un peu surpris, je n'ai pourtant rien fait de mal mais je le connais très bien et lui aussi d'ailleurs !

- *Bonjour, vous voulez me voir ?*

- *Oui ! Morin, vous savez où habite le gérant de la société de peinture ?*

- *Oui, dans le quartier du fleuve sur la route de Mbaïki, à la sortie de la ville.*

- *Est-ce que l'on a un plan de ce quartier ?* demande-t-il au premier conseiller.

- *Non !* répond le conseiller.

- *C'est pas possible, qu'est-ce que vous foutez ?!*

- *Morin, vous savez exactement où se trouve leur maison ?*

- *Oui bien sûr, j'y suis allé en moto.*

Le chef de mission semble un peu gêné et demande :

- *Vous pourriez nous accompagner ?*

- *Bien sûr, Monsieur.*

Il prend le téléphone et appelle l'ambassadeur.

- *Vous êtes sûr, Morin ? Vous pouvez aller dans l'auto mitrailleuse ?*

- *Oui.*

On se dirige vers le véhicule. Il donne les ordres aux militaires et je monte à côté du poste de pilotage : impressionnant tous ces instruments ! C'est parti ! La fenêtre devant moi n'est pas grande mais j'y vois suffisamment pour les guider : « *Tournez à droite sur la route de Mbaïki.* » On roule alors que la tourelle tourne au-dessus de nos têtes ! « *Là, après le virage, prenez la piste à gauche. Encore trois cent mètres et on y est.* »

Il prévient les militaires en armes. La maison est là : « *Les pauvres, ils sont sur le toit !* " Au-dessous, des pilleurs se mettent à courir dans tous les sens les bras chargés d'affaires volées en entendant le blindé arriver ! Les militaires sautent à terre et tirent en l'air pour faire déguerpir les bandits.

« *Ne bougez pas, on vient vous chercher !* » La fourmilière s'est brusquement vidée.

Dix minutes plus tard, le copain, sa femme et les deux enfants sont à l'abri dans l'auto mitrailleuse. Ouf, une bonne chose de faite ! Direction l'aéroport où le retour se fera sans encombre. Concernant le technicien de la brasserie de bière, son auto mitrailleuse a été détournée par les rebelles et avec sa femme et ses deux filles, ils sont restés bloqués pendant une demi-heure avec une grenade dégoupillée dans la main. Heureusement, ils ont été interceptés par un char et une autre auto mitrailleuse qui ont repris le contrôle de la situation. Arrivés à l'aéroport, les gens descendent et moi je m'extirpe de l'engin. Le chef de mission est là : « *Merci, Dominique* » et il me tape sur l'épaule. Je rejoins alors les autres et demande des nouvelles de tous. Le lendemain, on doit prendre l'avion mais il n'y a pas de place pour tout le monde. La femme de Bascule est là avec son fils, mal en point alors avec Christine on décide de leur laisser notre place, on prendra le vol suivant.

L'année suivante, on revient à Bangui, mais ce n'est plus la même chose ! Toutes les maisons ont été pillées sauf la maison du prof de SVT qui élevait des serpents chez lui et dont certains se baladent encore librement dans la maison : lui, il a tout retrouvé intact ! Chez moi, il n'y a plus rien dans la cuisine sauf le frigo, la machine à laver et la cuisinière. Tous mes placards sont vides et toute ma documentation envolée.

EN GUINEE
CONAKRY

En septembre 1997, je suis affecté à l'Institut Polytechnique de Conakry en Guinée. L'ambiance est très différente de celle de Bangui et le contact humain avec les locaux y est plus froid. Quant à la communauté française, elle est confinée à Conakry et peu de gens connaissent l'intérieur du pays ; il faut dire que les contrôles policiers sont décourageants.

J'attends l'arrivée de mon 4X4 Pajero pour me lancer à la découverte de ce pays. La mer est certes très attirante avec ses îles de Los, mais les traversées en pirogue locale sont toujours sources de palabres, d'arnaques et de risque. Vingt personnes dans une pirogue de douze places, je vous laisse imaginer l'expédition… L'intérieur du pays, à en croire les quelques privés qui font des installations et les conseillers à l'agriculture, est très intéressant. Ici, pas de grand club de tennis ou d'équitation, seul un petit club privé d'un ancien joueur de foot.

Les échelles de Lélouma

dans le Fouta-Djalon

Le Pajero est arrivé. Pour l'occasion, nous organisons une sortie dans le Fouta-Djalon, région de hauts plateaux et petites montagnes qui est le réservoir en eau de l'Afrique de l'Ouest. C'est, d'après certains, la région la plus intéressante. Avec Christine, nous partons un samedi matin, à la découverte de Kindia, ancienne ville coloniale aux grandes maisons et monuments mais surtout un marché très animé et coloré. Ici, on trouve des tissus variés (pagne et bazin), des couturiers sur leur petite machine à pédale, beaucoup de légumes appétissants et des plantes et objets médicinaux. La médecine traditionnelle et la sorcellerie sont très pratiquées et le « blanc » n'est pas le bienvenu dans ces étals.

Après deux barrages où nous devons montrer patte blanche, nous longeons les grandes falaises du plateau ou massif du Fouta jusqu'à Mamou, grand carrefour entre le Nord, l'Est vers le Mali et le Sud est vers Nzérékoré et le mont Nimba, frontière avec le Libéria (mauvais souvenirs). La végétation a complètement changé. Nous sommes à huit ou neuf cents mètres d'altitude, il fait frais. Nous traversons des vallées verdoyantes et en haut des collines, nous découvrons des points de vue spectaculaires. De belles balades à programmer ! Arrivés à Dalaba, ville de villégiature des vieux français qui y viennent se ressourcer, nous allons directement chez Georges qui tient une auberge très calme et agréable avec sa cheminée allumée le soir. Georges est là depuis très longtemps. Il est marié à une guinéenne et il n'est pas question qu'il parte d'ici. Il connaît très bien la région et va nous donner plein d'informations et de tuyaux sur les endroits à voir dans le coin : Labé et son marché, Timbi Madina avec ses légumes, Pita et son barrage, les chutes de Kambadaga, la rivière Fétoré et les échelles de Lélouma. Un trésor de connaissances !

- Tu as parlé d'échelles de Lélouma, tout à l'heure ! C'est quoi ?

- Les ouvriers agricoles (les esclaves à vrai dire) cultivent les légumes et les fruits dans les vallées et les bas-fonds qui sont fertiles et pour les monter aux nobles qui habitent sur les plateaux, les esclaves empruntent des échelles qu'ils aménagent dans les failles de la falaise. Ils évitent ainsi de faire un grand détour de cinq à dix kilomètres.

- Tiens, cela ressemble un peu au pays Dogon dans la dernière partie vers Bandiagara.

- Peut-être, dit Georges, *mais ici les échelles sont souvent de simples gros fagots de bois entourés d'une liane accrochés dans les rochers.*

- Il y en a beaucoup ?

- Les plus connues sont celle de Lélouma. Moi je n'en connais pas d'autre.

- Très intéressant, c'est pas tombé dans l'oreille d'un sourd !

- Ce ne sera pas facile à trouver car les gens du plateau ne veulent pas en parler ! Mais pour celles de Lélouma, je vais demander les renseignements par ma femme qui est d'ici. Quand vous repasserez par-là, je te donnerai les infos.

Nous faisons deux balades à pied dans les environs et rentrons à Conakry. Là-bas, j'essaie d'obtenir des renseignements sur ces échelles au centre culturel français. Rien. Le conseiller en agriculture en a entendu parler mais c'est tout. Alors je me procure les cartes de la région pour partir à l'aventure…

Quinze jours plus tard, un week-end de trois jours se présente : on prépare la voiture et la glacière et on prend la route le vendredi matin. Nous arrivons chez Georges dans la soirée. Celui-ci nous attendait :

- J'ai les infos pour aller à Lélouma ! Super ! On passe la soirée à discuter.

- Arrivé à Labé, tu prends la piste de Popodara où il y a le centre d'expérimentation en agriculture et tu continues la piste jusqu'à Kouramangui ; la première maison, c'est l'école du village. Juste avant, il y a une piste : c'est le début pour aller aux échelles. Après…

- C'est bon, on se débrouillera.

Le lendemain, on prend la route avec Christine. Après un passage à Labé et avant d'arriver au marché, on bifurque sur la piste de Popodara que l'on dépasse. On s'arrête devant l'école. Les enfants dans la cour se massent devant le mur de clôture. Christine descend de la voiture et va au-devant de l'institutrice avec qui elle discute un moment, lui promet des cahiers et des crayons. Le tour est joué : la maîtresse appelle un grand garçon et lui dit de nous accompagner aux échelles. Il connaît le lieu car sa famille habite en bas. Il monte dans la voiture, je relève le compteur kilométrique. On roule trois cents mètres quand il me fait signe à gauche. On passe devant quelques cases où des gamins qui ne vont pas à l'école nous courent après. Ils ont deviné où l'on va et veulent y arriver les premiers. Nous arrivons à un gros arbre où la piste s'arrête. On gare la voiture et je ferme à clé : notre jeune guide dit aux autres gamins de ne pas y toucher. On prend un chemin piétonnier sur deux cents mètres et au milieu des arbres, on distingue une faille dans la falaise : c'est là ! A part le trou, on ne voit rien. On s'avance et là surprise ! Le gamin a déjà attrapé des morceaux de bois à pleines mains et descend à la verticale ! Il disparaît complètement dans la faille. D'en bas, il nous appelle mais avant de descendre je veux quand même savoir où je vais ! Je jette un coup d'œil autour de nous et vois, un peu plus loin, un rocher qui domine la faille. La première échelle est devant nous, le gamin est en bas et nous fait signe. Il n'est en fait pas en bas de la falaise mais sur une plateforme : il y a donc d'autres échelles ! Allez, on y va ! Je passe le premier.

Ce n'est pas facile de trouver mes appuis sous les pieds car je ne vois pas en dessous. Aussi, je se cramponne avec les mains. La technique consiste à coincer les pieds entre les branches de l'échelle mais ce n'est pas si évident quand on n'a pas l'habitude. Eux, ne regardent même pas et descendent à une vitesse impressionnante ! Concentré, j'arrive en bas avec le gamin et dit à Christine de suivre ; elle descend facilement mais cela lui a donné chaud ! Le gamin rigole et nous entraîne dans la deuxième échelle. On le suit mais pas à la même vitesse.

L'arrivée se fait sur une roche plate puis le chemin serpente entre les rochers sur cinq mètres avant de dévoiler une dernière échelle : on descend déjà plus aisément dans la faille. D'en bas, on a le souffle coupé sur la vue splendide de l'ensemble ! On assiste même à la montée d'une femme en tongues. Avec une agilité stupéfiante, elle emprunte ces échelles sans regarder où elle met les pieds en maintenant la bassine stable sur sa tête. On emprunte le chemin du retour, c'est quand même plus facile car on voit où l'on met les mains et les pieds, même si l'on n'est pas encore aussi à l'aise que le gamin. Arrivés en haut, on revient à la voiture, on donne congé au gamin avec un stylo et quelques gâteaux. On se désaltère, nous prenons un fruit et un casse-croûte et on y retourne. Je voudrais bien voir monter d'autres personnes. On ne voit cette fois-ci que deux personnes monter et trois descendre. Mais c'est déjà super ! On prend la voiture et arrivés à l'école, la maîtresse nous demande si on est content de notre visite :

- Bien sûr, c'était génial !

- Il faudra revenir un jour de marché car là, vous verrez beaucoup de gens passer avec leur chargement. C'est le premier dimanche de chaque mois.

- On va revenir ! Christine ajoute :

- Je vous apporterai des cahiers et des crayons.

- Merci et à bientôt !

Sur le chemin du retour, on s'arrête dans un hôtel de Labé qu'on nous a indiqué. Simple mais propre et sympa, avec un bon repas et une bière fraîche. On deviendra copains avec le gérant et on lui fera construire deux grandes cases en terre avec un toit de chaume, comme celles que l'on trouve en brousse. Ce sera un bon pied à terre pour d'autres découvertes.

Un mois plus tard, on revient le jour du marché avec des cahiers et des crayons pour l'école. On retrouve facilement le chemin, on gare la voiture sous l'arbre et là, on observe déjà le va-et-vient des gens avec des bassines sur la tête. On arrive aux échelles : quel spectacle ! Les gens sont habillés avec des couleurs vives qui tranchent avec les couleurs environnantes. Que c'est beau ! On se positionne sur le rocher face à la faille pour mieux admirer ce tableau vivant puis on descend pour rejoindre la première échelle. Ce lieu est fascinant ! On rencontre beaucoup de femmes avec des légumes dans des bassines et des paniers simplement attachés en bandoulière, d'autres avec des paniers en osier contenant des poulets vivants et même un homme portant un mouton sur ses épaules. Tous ces gens se parlent en se croisant. Certains se suivent sur une même échelle, mais pour se croiser, ils attendent que l'échelle soit libre. C'est un véritable manège qui s'accompagne de grands gestes et de paroles chantantes. Les gens sont même contents de nous voir, et la maîtresse, venue jusqu'à la voiture est ravie de découvrir les cahiers et les crayons apportés. Au marché, il y a de tout mais surtout des légumes, des poulets et des objets en plastique. L'ambiance est sympa et décontractée, on fait le plein de légumes avant de reprendre la route pour Conakry non sans un arrêt à Dalaba pour faire un compte rendu de cette journée à Georges.

L'année suivante, je reviens avec mon copain Henri, un nouveau du privé qui vient pour construire le port des militaires sur l'île de Kassa. C'est un Marseillais, petit de taille mais qui sait tout faire de ses mains. Il s'adapte partout, aime sortir en brousse pour découvrir de nouveaux lieux. Avec lui, je vois la perspective de plein de découvertes à venir. Pour cette sortie, il a pris dans son sac à dos une corde d'escalade de cinquante mètres avec un descendeur, un huit et deux baudriers. On arrive aux échelles, que l'on descend assez facilement. En bas, il trouve ça génial : « *C'est vraiment beau et intéressant !* » Il jette un coup d'œil à la faille et me dit : « *On va essayer de s'accrocher plus haut à un arbre et voir si on peut descendre au bout de la corde pour filmer* ». La montée est encore plus appréciable. En haut, on s'engouffre dans la forêt sur le bord de la faille puis après un rapide repérage des lieux, il lance la corde. Ce n'est pas bon, on est trop près. On cherche un autre arbre, visiblement à bonne distance cette fois-ci : il fait son montage et lance à nouveau la corde et descend à l'aide du huit. Moi, je reviens dans les échelles et descend la première. Henri arrive à ma hauteur et se trouve à présent à cinq ou six mètres de moi avec une vue dégagée. Je remonte en haut pour voir sa position : super ! Plus qu'à attendre que quelqu'un passe.

Sans tarder, un homme s'avance avec son chargement. Je me mets un peu en retrait pour observer : c'est assez étonnant, l'homme ne le voit pas, mais il sent une présence et cherche partout sans regarder en l'air. Ce n'est que lorsqu'il arrive en haut qu'il me voit et semble comprendre. Je lui montre Henri pendu dans le vide au bout de la corde. Il n'en croit pas ses yeux : un homme volant ! Une femme arrive peu après, monte, et là, même réaction mais les gens semblent apprécier. Henri descend complètement et je vais prendre sa place au bout de la corde. Même si la position n'est pas vraiment confortable, la vue est excellente et c'est génial de pouvoir observer cette scène de vie. Ceux qui descendent nous voient et cela change tout, ils sont plus naturels. Je descends à mon tour et Henri reprend son poste d'observation au bout de la corde. Il est enchanté par ce spectacle :

-   *Et dire que les autres ne connaissent pas ça !* Il ne veut plus partir d'ici. *Tu en connais d'autres comme celles-là ?*
-   *Non ! Mais je sais qu'il y en a d'autres ! Je vais me renseigner !*

C'est grâce à cette expérience que je me suis mis à la recherche des échelles dans les falaises de Guinée et amené plus tard l'équipe de TV5 pour y tourner un film. Mais la recherche n'a pas été si facile, surtout pour localiser les emplacements parfois durant des jours entiers. Dans la région de Pita, il y a le barrage sur la rivière Kokulo et de grandes chutes, puis une vallée avec des falaises. La présence de cultures en contrebas laisse à penser qu'il y a des échelles. Je pars donc chez mon guide à Doucki et me balade le long de la falaise durant deux jours, sans succès. Je découvre cependant de très beaux coins mais aucune échelle.

Le troisième jour, c'est le jour du marché dans le village voisin, peut-être que des gens vont monter de la vallée. Du côté où je ne suis pas encore allé, j'emboîte le pas au guide qui suit le bord de la falaise. Il nous est impossible de passer. La forêt est touffue et visiblement la faille que l'on distingue n'est pas accessible. On fait le tour lorsqu'on entend des voix de femmes. On se dirige alors vers elles en accélérant le pas pour les rejoindre. Mon guide leur demande d'où elles viennent : « *De la vallée !* » Ça c'est bon signe ! Mon guide a une idée : « *On va remonter le chemin, il y aura sûrement d'autres femmes qui vont s'y rendre pour aller au marché* ». A un embranchement, on tourne vers la falaise. C'est bon, le chemin est pratiqué. On traverse un petit cours d'eau sur un pont de planches pas très solide, mais bien utile pour ne pas se mouiller les pieds et arrivons enfin sur le côté de la faille : la paroi est verticale et le chemin suit une sorte de vire qui descend en une configuration assez surprenante. Soudain, de nouvelles voix se font entendre. On descend jusqu'à un rocher. La faille est à présent juste devant nous et on voit la vallée. En m'avançant, j'aperçois deux femmes qui montent mais par où sont-elles passées ?! On s'est sûrement trompés de chemin ! Attendons un peu pour voir… Tout à coup, à deux mètres de nous une tête sort d'un trou dissimulé entre les rochers. Incroyable ! La femme pose sa bassine et sort tranquillement du trou. C'est bien le seul passage pour descendre ! Hélas, il est déjà tard et je dois rentrer à Conakry cette après-midi. Maintenant que l'on a trouvé l'accès, je dis au guide : « *Repère bien le chemin, pour la prochaine fois !* » tout en essayant à mon tour de me repérer.

Au cours de la semaine suivante, je rencontre le conseiller en agriculture qui, comme je lui ai demandé, a posé des questions à droite et à gauche sur la localisation d'autres échelles. Il m'annonce que du côté de Gaoual, le chef du village lui a dit qu'il y avait des échelles mais que celles-ci sont inaccessibles visiteurs "blancs" : « *Moyennant un sac de riz, il acceptera cependant de vous accompagner. Je retourne à Gaoual le week-end prochain, si vous voulez je vous guiderai.* » Je changerai donc de programme pour profiter de cette véritable aubaine.

Les échelles de Gaoual

J'achète un sac de riz et nous voilà partis pour Gaoual où le conseiller nous a donné rendez- vous. On le trouve facilement. Notre arrivée chez le chef de village se déroule comme prévu : on lui donne le sac de riz et nous nous mettons en route. Le conseiller nous laisse, nous prenons la voiture direction la grande falaise que l'on voit au loin. Après quelques kilomètres dans la plaine, la piste s'arrête ou continue, mais vers la gauche. Nous devons prendre vers la droite alors décision est prise de laisser la voiture ici, sous un arbre. Le nouveau guide nous conseille de prendre de l'eau car les premières échelles sont à une heure de marche en bas de la falaise.

Effectivement, il y a bien une heure de marche, en plein soleil, pour arriver à une faille que l'on ne distingue qu'au dernier moment et à côté de laquelle on peut très bien passer à côté sans la voir pour les non renseignés. L'accès se fait derrière un gros rocher. Il y a une petite échelle de cinq ou six mètres puis une passerelle en fer permettant de traverser la faille. On monte ensuite sur une vire rocheuse d'une dizaine de mètres puis sur une autre passerelle pour de nouveau traverser. Quel accès bizarre et désordonné ! Voilà qu'à présent on doit monter sur le rocher en suivant la bordure de la faille sur une trentaine de mètres puis tourner à droite à angle droit. Devant nous s'étend la vallée d'où nous sommes arrivés. La vue est vraiment splendide ! J'imagine la beauté du paysage au soleil couchant…

Le guide nous conduit vers une petite crête rocheuse à franchir. Jusque-là c'est bien, mais rien de sensationnel. On s'arrête regarder le paysage. Je me retourne et le chef me montre l'échelle, collée à la paroi et à la pente très raide : je ne l'avais pas vu tant elle se noie dans son environnement ! Le guide monte en restant debout. Nous, on monte à quatre pattes, c'est raide, très raide et on n'en voit pas la fin. C'est incroyable ! Qui a installé un tel ouvrage ?! J'arrive enfin en haut avec le palpitant qui cogne. « *Allez, dix mètres de chemin, et vous y êtes !* » Sur le plateau, quelle vue magnifique ! On s'avance pour voir l'autre côté, c'est tout aussi superbe et l'on a envie de profiter pleinement et de nous allonger quand le guide nous annonce : « *Le plus dur reste à faire ! La descente !* » Lui, descendra debout. Nous, sur les fesses, marche après marche. C'est très impressionnant de voir le vide ainsi devant nous, avec la pente raide de cette échelle. Là, je mesure vraiment la difficulté d'utiliser ce passage. Je ne pense pas que j'aurai envie de remonter et descendre plusieurs fois comme nous l'avons fait à Lélouma ! Arrivés plus bas au niveau de la passerelle, pas le temps de souffler, le guide s'est remis en marche comme s'il était pressé ! On descend au pas de course, la chemise trempée. Et zut, on arrive en bas avec le soleil couchant qui rend les couleurs magnifiques.

-     *On remonte pour la photo ? me propose-t-il.*

-     *Non, merci !*

Je jette un dernier coup d'œil : l'endroit mérite un détour mais à quel prix ! On a eu chaud ! Allez encore une heure de marche pour rejoindre la voiture, qui, heureusement, est à l'ombre. On boit un bon coup puis il est temps de ramener le chef de village chez lui. Après les traditionnels remerciements et salutations d'usage, on roule maintenant sur la route de Labé. La rue principale du village est bordée de grands arbres qui se rejoignent en un magnifique tunnel naturel. Le retour est fatiguant mais quelle belle aventure ! Encore un endroit exceptionnel, inconnu de quatre-vingt-dix-huit pourcents des gens en Guinée.

Timbimadina et la vallée de la Fétoré

A Conakry, alors que je fais le compte-rendu au conseiller en agriculture, il me dit : « *Dans quinze jours je vais à Timbimadina dans le Fouta. J'ai rendez-vous avec un couple de jeunes français qui s'occupe de mettre en place une coopérative pour stocker les légumes. Le jeune est un baroudeur de première, comme toi et il circule à pied dans la région. Il pourra sûrement t'indiquer des coins et des choses à voir.* » Ça c'est une bonne idée ! Je ferai donc les échelles de Doucki plus tard…

On se rend à Timbimadina chez ces jeunes qui sont ravis de nous accueillir. Il nous fait visiter le marché, qui est le plus important de la région. Des légumes en pagaille, même des fraises. Certes, pas très grosses mais excellentes. Tout en marchant, le jeune me demande si nous voulons nous balader à la Fétoré, la rivière qui traverse la commune, alimente les jardins et plus loin se transforme en petites cascades. Il faudra partir de bonne heure, on est partant ! Sept heures, le lendemain. On prend le petit déj et nous voilà dans le Pajero. On tourne à droite, on prend la piste de Timbi Touni puis à dix kilomètres environ, nous quittons la piste principale pour tourner dans un champ où il y a des traces de roue. Nous ouvrons une barrière et la refermons derrière nous. On longe une école, on descend la colline jusqu'à un ruisseau, que l'on traverse :

- *C'est ça ta rivière ?*
- *Non, non !* le jeune rigole. *On va laisser la voiture à l'ombre sous l'arbre et c'est en bas.*

En effet, deux cent mètres plus bas, des enfants jouent dans l'eau, plongent et sautent depuis des rochers. On prend vers la droite. Trois cents mètres plus loin, on arrive à la fameuse rivière devenue une succession de superbes petites cascades de deux mètres, et de plus petites avec des remous. « *Tu vois là-bas, sous la petite chute, c'est le jacuzzi naturel. C'est super et on y viendra au retour.* » Ce coin est vraiment super ! On va traverser, mais avant je veux vous expliquer sur quoi nous allons marcher. On descend sur le bord de la berge et là, on découvre un pont de pierre naturelle ou plutôt une arche, pas très haute mais allongée et magnifique, toute en pierre. Appelée le pont de Aïnguel. C'est vraiment un bel édifice, emprunté par des femmes aux vêtements colorés. Une eau claire y coule abondamment, c'est superbe. On marche sur un sentier pendant trois cents mètres et là, sur la droite, se dresse une belle chute d'une vingtaine de mètres de haut sur une quarantaine de mètres de large. Malheureusement, on ne peut pas approcher car de gros rochers descendent à pic. Sur la gauche, je distingue une île couverte d'une végétation dense. « *Tu as essayé d'aller par-là ? Non, car il faudrait une matchette et du temps !* » On verra ça plus tard…De l'autre côté de la rivière, les singes surpris se mettent à hurler et sautent de branche en branche. Nous continuons sur quatre cents mètres où un mur d'eau coule à présent et semble carrément sortir de la végétation pour se jeter dans la rivière. Le sentier circule au milieu des grands arbres, et il fait bon marcher à l'ombre. Tiens, des voix ?!

On arrive à un petit village de quelques cases au toit de tôle, très propres. Le chef du village veut aménager une case pour que l'on puisse venir coucher ici car la visite de la grande chute peut prendre la journée. Ah bon ? Le chef nous accompagne jusqu'à un gros rocher qui domine la première chute d'une dizaine de mètres et son énorme marmite de géant, un grand trou circulaire creusé par l'eau et les cailloux qui tournoient. L'endroit est superbe mais pas fait pour la baignade ! On entend un gros grondement laissant deviner la proximité de la chute suivante. On descend un peu en suivant le tracé des pieds sur la roche. La chute est plus petite, mais le lieu est tout aussi pittoresque. Une grande bassine naturelle où l'eau passe ensuite sous un pont naturel en pierre. L'angle de vue n'est pas très bon, il faudrait pouvoir s'approcher autrement.

Nous contournons alors un gros rocher et arrivons sur ce pont qui offre cette fois une vue d'ensemble magnifique ! Les deux côtés du plateau, la chute en amont, l'eau qui coule du pont et tombe dans une sorte de canal creusé dans la falaise sur laquelle nous sommes, la grande plaque rocheuse en dessous de nous, le trou béant, et plus loin devant nous : la grande chute. Grandiose, mais le chef nous entraîne plus loin, dans un grand détour qui nous conduit sur la plaque où se trouve le canal : de là, on voit très bien l'eau qui passe sous le pont et qui tombe dans le canal : c'est super ! Nous continuons à suivre le canal vers le bord du plateau. « *Attention à ne pas glisser !* » Devant nous, c'est le vide. Une chute incroyable de cent cinquante à deux cents mètres de haut se jette en un nuage de vapeur impressionnant. Que c'est beau !

- *Il faudrait aller sur les côtés pour voir la chute d'en face et avoir une vue de l'ensemble.*

- *Oui tu as raison, mais aujourd'hui, on n'a pas le temps ! Ce sera pour une autre fois. Pour profiter de tout le coin, venez coucher au village, vous aurez le temps de bien voir cet endroit magnifique.*

La remontée est ardue. Trois heures de marche sont nécessaires pour revenir au point de départ et il commence à faire chaud. La voiture est toujours là. Vite, on récupère les maillots de bain et on court faire un plouf. L'eau est fraîche, pas facile de rentrer dedans mais que c'est bon ! On remonte le courant jusqu'au jacuzzi naturel. Un vrai bonheur cette eau qui tombe et vous masse le dos et la tête, les jambes prises dans des remous. On n'a plus envie de partir ! Il faut dire que l'endroit est vraiment magique et je sens que je vais y revenir souvent pour savourer les plaisirs de l'eau et de la beauté des différentes places. De retour à Timbimadina, les rendez-vous sont pris avec le jeune, ravi de partager ses coins avec nous. La prochaine fois, on visitera les jardins de légumes, le petit barrage et le village.

Quinze jours plus tard, je reviens avec Christine pour explorer la rivière, le jacuzzi, les cuvettes d'eau, le pont naturel et la première chute. J'ai aussi emporté du matériel et la matchette. Nous ouvrons un passage dans la végétation pour pénétrer sur l'île où nous attend une surprise très agréable : une nouvelle petite chute bordée d'un banc de sable où nous pouvons nous baigner. Encore un superbe endroit insoupçonnable dans cette végétation luxuriante. Mais nous n'avons pas le temps d'aller à la grande chute et il faudra donc revenir. Encore une fois.

Pêche avec Henri

Vous vous demandez pourquoi je pars tous les quinze jours ? Eh bien, parce-que les voyages dans le Fouta nécessitent entre six et huit heures de voiture, sont fatigants et parce-que je veux aussi profiter de la mer et de la pêche avec Henri.

Pour son chantier sur l'île de Kassa, Henri a fabriqué sur place un Zodiac en aluminium avec conduite centrale et réservoirs dans les boudins : un véritable petit bijou pour les explorations dans les mangroves, les remontées de fleuve et, bien sûr, la pêche à la traîne qu'il ne connaît pas en arrivant. Terminé les pirogues locales avec les arnaques et les palabres ! On part du port des militaires, on passe sur l'île, son lieu de travail, d'où l'on choisit notre lieu de pêche en fonction du temps et de l'état de la mer. Un jour, au large de l'île de Room (petite île centrale prisée par les touristes), on tombe sur un banc de barracudas. Bzzzz…Une, deux, trois prises sur le même passage ! La glacière remplie, on arrête de pêcher et on appelle les copains qui traînent eux aussi à trois cents mètres de nous, et qui ont, eux aussi, remplit leur glacière. Une fois éloignés des lieux de pêche, on se baigne et nous mangeons à bord.

Ce sont des journées intenses et très agréables car avec Henri on s'entend super bien. Aussi, je lui propose de venir en brousse avec moi. En tant que nouveau, il ne connaît rien de l'Afrique et de la brousse ni de la vie en dehors de la ville. Tous ces autres copains lui disent : « *La brousse ? C'est chiant, peu intéressant et toujours les mêmes problèmes !* » Mais en m'écoutant raconter mes aventures, il veut voir ça de lui-même. Je lui propose donc de venir dans le Fouta. Entre temps, le soir, j'étudie les cartes IGN et je finis par trouver sur Google Earth, une piste qui arrive à un petit village et une école. C'est bien le bon endroit pour explorer la grande chute de la Fétoré !

Banking et la grande
chute de la Fétoré

De retour à la Fétoré. Cette fois, on va directement coucher au village. La case est propre et l'accueil parfait (il faut juste prendre sa moustiquaire). D'ici, on part tous les deux avec Henri sur le grand plateau pour admirer la chute sous le pont naturel. Le canal semble avoir été construit alors qu'il est entièrement naturel. On se relaxe dans les cuvettes où l'on peut se rafraîchir, et on s'avance sur le bord pour observer la grande chute. L'endroit est paradisiaque et d'une beauté extraordinaire, on y passera la journée. Je voudrais cette fois-ci observer la chute de côté, faute de la voir de face ! J'examine la topographie du lieu et les accès possibles pour me repérer plus tard sur les cartes IGN et voir si d'autres accès sont possibles en voiture comme vers ces grands arbres sur le haut du plateau qui font penser à un champ cultivé. Je vais regarder ça sur Google Earth.

On finit cette superbe visite très enrichissante avant de rentrer à Conakry. De retour à l'appartement à Moussoudougou, le village des femmes, je note toutes ces infos sur le papier et étudie les cartes IGN le soir après le boulot. Je trouve finalement une possibilité à vérifier sur place lors d'une prochaine virée.

La nouvelle route pour la grande chute

Comme je connais bien la région, Le Rotary Club me propose de participer à la séance de vaccination contre la tuberculose dans les villages alentours : impeccable car j'obtiendrai sûrement les infos que je cherche. On part donc avec Christine. Au bout de la piste, peu pratiquée, on découvre un premier village et l'école où l'on va faire la vaccination. Tout se passe bien et en une heure, c'est plié mais je suis aussi ici pour glaner des infos et avec ce genre d'opération, on obtient tout ce que l'on veut. On nous emmène au dernier village avant la rivière où l'on distingue déjà les bords du plateau et la dépression de la grande chute.

Dans le petit hameau de cinq ou six cases, le chef est une femme qui nous accueille très gentiment. Son fils de cinq ans est en train de peler une orange avec un couteau de boucher flanqué d'une lame de trente centimètres. « *Mon Dieu !* » La femme rigole et nous dit : « *Il faut qu'il apprenne !*» On boit un café tout en la questionnant sur le chemin menant à la chute. « *Un grand garçon va vous accompagner !* »

On s'engage sur un petit sentier au bout duquel nous apparaît la chute d'eau. Elle est là, presque face à nous. On descend. Le chemin se sépare en deux : à gauche, pour descendre vers la rivière, à droite pour aller sur le plateau de pierre où il y a le pont naturel. On prend à droite pour rejoindre le pont. Une fois encore, on se fait prendre par le temps et il faut remonter et rentrer à Conakry mais, au moins, nous avons trouvé un chemin d'accès plus direct. C'est certain, on reviendra !

Quelques semaines plus tard, je reviens avec Henri et son matériel d'escalade. Je suis sûr qu'il va vouloir descendre sous le pont naturel, et je suis impatient ! On retrouve la piste qui mène au village ; les enfants me reconnaissent et m'accompagnent jusqu'au hameau où la cheffe de village les renvoie. Ils partent sans discuter. Je dois maintenant reconnaître le chemin tout seul. Pas de problème. On a une très belle vue de la chute et Henri est en admiration :

- *Comment elle s'appelle ?* me demande-t-il.

- *Je ne sais pas mais on demandera à la cheffe en remontant.*

Arrivés au niveau du pont, Henri pose son sac, scotché par la beauté du site. Il voit la cuvette et l'eau qui passe sous nos pieds. Tout excité, il me lance : « *Il faut aller voir comment c'est dessous !* » Je m'en doutais qu'il voudrait y aller ! Il prend sa corde d'escalade, enfonce un piton dans le rocher, un second pour la sécurité et descend. « *Waouh, c'est superbe ! Descends à ton tour !* » J'hésite car on est que tous les deux…Il passe sous le pont et arrive dans la grande cuvette. Je le vois maintenant, juste au-dessous de moi. « *Allez descends !* » Il insiste alors je finis par descendre en faisant attention à ne pas glisser. C'est vrai que l'endroit est sublime. Un tunnel, d'un côté le vide et l'eau qui tombe, et de l'autre, l'eau dans cette grande cuvette. On est émerveillés, on se croirait dans un autre monde. Je suis sûr que personne avant nous n'est descendu ici. Henri a envie de se baigner mais je l'en dissuade car le courant est fort et en ayant les pieds mouillés, il pourrait glisser. On remonte explorer le plateau rocheux, le canal et les abords de la grande chute ; c'est extraordinaire cet endroit ! Il faudrait rester deux ou trois jours pour bien en faire le tour !

- *Comment as-tu découvert cette chute ? A Conakry, les autres ne connaissent pas ça ?*

- *Non ! Tu sais, en dehors de la télévision, de la mer et des restos, ils ne sortent jamais ! Tu leur demanderas s'ils la connaissent !*

On repart avec plein de belles images en tête mais Henri a envie d'en voir encore plus. Je décide donc de prendre la route de Doucki pour lui montrer le chemin. Sur le bord de la route, il y a la maison de mon guide dont la femme tient une petite épicerie. Il a un grand jardin avec des poulets-bicyclettes, très bons à manger.

- *Il faudrait que nous restions coucher ici pour faire les échelles.* Le guide nous dit :

- *Mon frère a une concession à trois cents mètres avec un grand jardin et des arbres. Il y a une case en terre où vous pouvez coucher.*

- *On peut la voir ?*

- *Oui !*

- *Allez, on y va !*

La concession de Doucki

On arrive à une barrière en bois. On l'ouvre et nous arrivons face à une maison en dur au milieu de grands manguiers. Le frère du guide sort et vient vers nous. Un petit bonhomme très vif : il est médecin herboriste itinérant et il parcourt la région à pied.

- Si vous voulez coucher ici, c'est possible mais il n'y a pas de matelas.

- Ok, on reviendra dans quinze jours. Je lui demande au passage s'il connaît les échelles qui montent dans la falaise.

- Non, mais mon frère m'a dit où elles étaient. Par contre, la falaise regorge de choses très intéressantes et si cela vous intéresse arrêtez-vous sur votre route à cet endroit : il y a un petit ruisseau intéressant !

En partant, on s'arrête à l'endroit qu'il nous a indiqué. Au milieu des arbres, on découvre un ruisseau avec une petite chute qui s'écoule dans un bassin : l'endroit idéal pour se baigner ! Ce sera notre future salle de bain ! A côté des grands rochers lisses que l'eau a creusé durant des siècles, on se faufile comme on peut. C'est sombre et impressionnant, tel un labyrinthe sorti d'un film d'horreur. D'ailleurs, le guide refuse de nous accompagner et nous attendra dehors, pas question de se frotter au mauvais esprit du diable qui habite ces rochers. Au milieu des lianes entremêlées où l'on pourrait jouer à se prendre pour Tarzan, il y a aussi des serpents de deux mètres de long ! Et ça, ça fait froid dans le dos ! On découvre aussi un rocher ayant la forme d'un cheval. Cet endroit est fascinant et demande à ce qu'on s'y attarde un peu plus mais pour le moment, il faut rentrer.

Les échelles de Doucki

Quinze jours plus tard, Henri ne peut pas se libérer, il est pris par une réunion de chantier. Christine est partie en Guyane, je me rends donc seul à Doucki. Je loge chez Hassan et m'installe dans sa case en terre. Ce serait super si je pouvais louer cet espace… Je vais lui demander.

Le lendemain, Hassan veut me montrer la faille dans la falaise. D'en haut, la vue est superbe. On descend une pente herbeuse très raide sur trois cents mètres au bout desquels apparaît une paroi lisse perpendiculaire à la falaise : la faille. Quatre à cinq mètres de large et on ne voit pas le fond. On dirait vraiment que le rocher a été découpé au couteau. C'est très impressionnant mais je ne vois pas d'échelle ! Hassan emprunte un chemin que je reconnais, je repère l'arbre plein de boursouflures et on tourne à gauche. On descend le long de la vire jusqu'à la petite plateforme où il y a le trou entre les rochers qui marque le début des échelles. Une femme en sort avec un panier sur la tête. Elle s'adresse à Hassan qu'elle connaît bien car il a l'habitude de la soigner :

- Vous voulez descendre ?

- Oui.

- Avez-vous tapé trois fois sur le tronc ?

- Quel tronc ?

- Quand vous montez, il faut prévenir ceux qui viennent en sens inverse. Il y a des troncs en haut et en bas sur lesquels on frappe avec un morceau de bois. C'est pour cela que tout à l'heure, j'ai crié en bas quand je vous ai vu, pour dire que je montais !

- Ah bon, on ne savait pas. On peut y aller maintenant ? La femme toute étonnée de me voir ici, un Blanc, interroge Hassan :

- Il descend avec vous ?

- Oui !

Hassan rigole. Je tente un coup d'œil dans le trou mais on ne voit absolument rien par l'éclairage naturel ! Il y a des branchages juste en dessous du rocher. La première échelle part du trou en un enchevêtrement de branches d'arbres entourées de lianes. L'accès est périlleux car on ne voit pas où l'on met les pieds mais une fois les premiers mètres franchis, les rayons de lumière dévoilent l'échelle et ça va beaucoup mieux. Quelle idée d'avoir fait passer l'échelle dans ce trou ! Ce passage est surprenant et je peux vous dire maintenant, que parmi les visiteurs que j'ai amenés ici, très peu ont pu descendre cette première échelle. Le passage dans le trou, à l'entrée et à la sortie est vraiment délicat. Je n'obtiendrai cependant aucun détail concernant cette construction… La prochaine dalle est pentue comme la vire qui suit la falaise mais accessoirisée d'une liane pour se tenir. Une autre femme monte, pieds nus. A notre tour, on entame la descente de la deuxième échelle puis de la troisième. Je remarque alors que les extrémités supérieures des échelles sont constituées d'une fourche venant se bloquer entre les rochers. Ensuite le sentier serpente entre les rochers puis laisse place à une autre petite échelle et ainsi de suite jusqu'en bas, le tout représentant une centaine de mètres de dénivelé. Les habitués montent et descendent à une vitesse incroyable, souvent avec des charges sur la tête, des bassines d'oranges ou de tomates. En bas, Hassan me montre le tronc d'arbre sur lequel les gens tapent pour prévenir de leur montée : l'écorce est bien abimée. On remonte derrière une femme ce qui me permet d'observer comment elle place ses pieds : elle les coince entre les branches sans même regarder, comme un automate. En avant ! Je la suis et reproduis sa technique. C'est effectivement plus facile mais mon palpitant en prend un coup et je n'arrive pas à tenir le rythme. Je mets deux fois plus de temps qu'Hassan pour rejoindre l'échelle qui débouche dans le trou ! Je constate que c'est bien le seul passage entre les rochers !

On continue et sur la vire, coté faille, on observe l'arbre qui sert de « cloche ». Il y a un morceau de bois bien poli (le marteau) et l'écorce de l'arbre est bien endommagée. Très astucieux, on ne l'avait même pas vu en descendant. La femme attend Hassan ; son mari est malade et elle veut savoir s'il peut lui rendre visite demain. En marchant, je demande à Hassan si je peux l'accompagner un de ces jours dans la vallée lors de sa tournée d'herboriste :

- Oui, mais je ne choisis pas toujours le jour où j'y vais !

- Si c'est possible, j'aimerais bien !

La concession A

Sur le chemin du retour vers la concession, c'est plus fort que moi, je lui demande :

- Hassan, est-ce que tu peux me louer la case en terre ?

- Pourquoi cela t'intéresse ?

- Oui, si je viens souvent.

- Si tu veux, je te la vends !

- Quoi ?! Vraiment ?!

- Oui ! C'est trop grand pour moi seul maintenant (il a perdu sa femme et n'a pas d'enfant) donc je peux faire une parcelle avec les deux manguiers et le puits pour l'eau sera en commun !

- Je ne m'attendais pas à une telle proposition ! Bon, je suis intéressé, mais parle-moi du prix !

- Non, ce n'est pas la question ! Je sais que tu vas venir souvent avec des gens et c'est ce qui m'intéresse ! Hassan me vendrait la case pour un équivalent d'un peu moins de mille euros, je rêve !

- Écoute, je vais réfléchir et te donnerai la réponse lors du prochain voyage !

- D'accord !

Hassan semble soulagé et retourne vers sa maison. Moi, j'ai envie d'exploser de joie : un pied à terre comme ça, ça vaut de l'or ! Dans quinze jours, si Henri est libre, on viendra ici pour faire la fête et on dormira dans « ma case ».

*Partie de pêche avec l'ambassadeur
de Yougoslavie*

Le week-end suivant, Henri a invité l'ambassadeur de Yougoslavie à une sortie pêche et il tient à ce que je sois là. Il prévoit d'aller au large d'une épave très connue des pêcheurs pour être certain d'attraper quelque chose. On a préparé une glacière de boissons et de bonne bouffe. La mer est calme, on glisse sur l'eau et l'ambiance est au beau fixe. L'ambassadeur a hâte de sortir un gros poisson. « *Pas encore*, dit Henri, *il faut passer l'épave.* » Un peu plus loin, c'est bon, je mets la première ligne à l'eau en décrivant à notre hôte le fonctionnement du moulinet, le frein, et l'accrochage du rapala.

La canne est placée dans un support à l'arrière du zodiac. On met la deuxième canne et on traîne. Henri pilote pendant que l'ambassadeur se comporte comme un petit garçon. Une première touche, on ferre et je lui montre comment remonter le poisson sur le côté du zodiac. Le second sera pour lui : il le remonte sans problème. Puis un troisième. On fait une petite pause-café, tout va bien, on remet ça. Bzzzz ! Soudain, une touche très forte ! Je me jette sur la canne et ferre. Ça résiste beaucoup, certainement du gros ! Henri arrête le moteur et je donne la canne à l'ambassadeur tandis qu'il remonte la deuxième canne. Celle-ci s'est pliée en deux donc l'ambassadeur a du mal à mouliner. « *Il faut te servir de ton dos et de tes jambes !* »

Au début, il rigole mais très vite son visage se crispe. On l'encourage. Mais je ne vois rien à la surface ! Il doit s'agir d'une carpe rouge ! et une belle ! Je l'aide un peu en tirant la canne. Il sue à grosses gouttes, cherche ses appuis pour s'arc-bouter puis tire la canne en arrière alors qu'elle redescend aussitôt. On l'encourage toujours : Allez ! Allez ! Une demi-heure plus tard, le poisson se débat davantage en voyant le bateau. Il est là, à cinq mètres : une belle carpe rouge. « *Il ne faut pas la louper en la gaffant* » dit Henri. L'ambassadeur n'en peut plus et est prêt à tout lâcher alors je saute sur la canne et remonte la carpe. Henri gaffe cette seconde prise. Quelle belle pièce ! Sûrement un record. Je tends la canne l'ambassadeur pour le prendre en photo avec le poisson : il est fier comme tout. Clic, à peine la photo prise, l'ambassadeur tombe dans les pommes ! On range la canne et le poisson dans la glacière ; Henri assoit l'ambassadeur contre le poste de pilotage, j'attrape de l'eau fraîche : « *Occupe-toi de lui, on rentre au port !* » On est à une bonne heure du port, il va falloir faire vite. Dix minutes qui me semblent interminables plus tard, l'homme reprend ses esprits, blanc comme un linge. Ouf !

- *Restez assis !*

- *Non je veux continuer à pêcher !*

- *Avec une prise comme celle-ci, on peut rentrer !* lui dit Henri

- *Vous avez battu le record de carpe rouge ! Les autres ne le croirons pas !*

On arrive au port. L'ambassadeur est tout juste capable de monter sur le quai, il faut l'aider. J'appelle le chauffeur (qui dort), je secoue la Mercedes pour le réveiller : « *Vite ! la voiture pour Monsieur !* » On le met à l'arrière. « *Ramenez-le à la résidence et qu'il se repose. On le rejoindra après avoir rangé le matériel.* »

Une demi-heure plus tard, Henri et moi arrivons à la résidence de Yougoslavie où le chauffeur nous fait entrer. Henri prend la carpe dans ses mains. Le boy nous ouvre la porte, l'ambassadeur arrive, il a repris des couleurs et une allure de bon vivant. Lorsqu'il voit la carpe, il s'exclame : Champagne ! Champagne ! Henri porte la carpe dans la cuisine où le boy ouvre des yeux ébahis :

- *C'est ton patron qui l'a attrapée !*

- *Non, c'est pas possible !* L'ambassadeur vexé lui répond :

- *Comment ?! Apporte le champagne au lieu de dire des bêtises. On va arroser ça !*

Quelle belle partie de pêche ! Et quelle peur ! Après vérifications, on apprendra plus tard avoir effectivement battu le record de carpe rouge à Conakry.

L'aménagement de la concession

Sans attendre ma décision sur l'achat de la case, Hassan a déjà délimité la parcelle avec les deux manguiers et la case en terre. Il a même fait réaliser des toilettes à la turque entourés de roseaux. C'est super, on peut garer quatre à cinq voitures et il y a encore de la place. Je ne discute pas le prix et non seulement il est ravi mais en plus il me propose :

- Si tu veux, je peux faire construire une case ouverte pour les repas. Je connais un maçon dans le village et je dirai que c'est pour moi. Tu ne paieras que les matériaux !

- Ok pas de problème, mais je veux aussi modifier un peu la structure du lit de la case.

- Oui, c'est possible car il est aussi menuisier et c'est lui qui a fait la charpente et le lit.

Henri n'en revient pas : « *Tu vas avoir un pied à terre unique !* ». On fait le tour de « ma propriété ».

- Si tu fais une case ouverte pour manger, ici sera idéal car on peut mettre une voiture à côté. On trace l'emplacement. Pour la case en terre, tu pourrais faire une mezzanine avec un lit dessus pour gagner de la place. Ainsi, on pourrait avoir deux couchages.

- Très bonne idée !

- Mais il faut la faire avec du vieux bois comme le reste !

- On sera comme des rois ! Un petit paradis, pour nous les baroudeurs ! ajoute Henri.

Nous décidons d'aller nous balader sur la falaise et en profitons pour prendre un bain dans le ruisseau qui coule entre les rochers. On revient coucher dans la case ; moi je dormirai dehors sur mon lit pico. Mais avant, il faut bien arroser tout ça, j'ai amené une bouteille de champagne.

Le lendemain, avant de partir faire sa tournée, Hassan vient nous voir et demande ce qu'il doit dire à son maçon.

- La case ouverte à cet endroit, d'accord ! Et pour l'intérieur de la case, une mezzanine.

- Une quoi ?! Mezz ?! Je ne sais pas ce que c'est !

- Je vais te montrer à l'intérieur.

- Ha c'est un lit en hauteur !

- Oui, mais fait avec du vieux bois.

- Pas de problème pour ça. Je vais lui en parler. Que faites-vous ce matin ?

- J'emmène Henri aux échelles.

- Tu vas retrouver le chemin ?

- Oui, je pense.

Le voilà parti avec son sac rempli d'herbes qu'il porte en bandoulière. De notre côté, Henri et moi prenons le chemin des échelles en réfléchissant au plan d'aménagement. On arrive au niveau du trou dans les rochers mais je ne dis rien.

- C'est là !

- Mais je ne vois rien ! Elles sont où ?! Henri suit mon regard et aperçoit le trou.

- Tu ne vas pas me pousser là-dedans ?!

- Non, mais regarde bien !

- Allez, je passe devant !

Nous voilà partis. On descend la première échelle, la plus impressionnante. Henri n'en revient pas, il pousse de grandes exclamations durant toute la descente. Aujourd'hui, nous ne rencontrons pas les femmes qui montent avec leurs bassines ou paniers et ça manque un peu de couleur et d'animation mais il sera quand même super content. On rentre chez Hassan. Arrivé avant nous, il s'empresse de nous prévenir :

- J'ai vu le maçon ! Il commencera la case ouverte dans deux à trois jours. Pour le lit en hauteur, il a compris et le fera aussi et d'ici quinze jours à trois semaines, ce sera fini.

- Super, nous reviendrons dans trois semaines !

Pour changer d'itinéraire, je passe par Timbi Madina, village désert quand il n'y a pas le marché. On continue sur Labé où nous coucherons à l'hôtel, et le lendemain matin nous achèterons des légumes frais avant de rentrer à Conakry. Quelques jours plus tard au bord de la piscine de Moussoudougou, je rencontre le second conseiller en agriculture qui est un fana de parapente :

- On a sauté depuis la falaise de Kindia, c'était super ! Si tu veux, on peut reprogrammer un saut ?

- Ok, je veux bien sauter, mais est-ce que cela vous dirait de sauter et faire un vol sur la falaise de Doucki ?

- Pourquoi pas, mais c'est où ?

Parapente à la falaise de Doucki

Je lui montre la carte et pointe un endroit à côté de Timbi Madina. Sur la carte IGN, la falaise est orientée plein Est : c'est bon pour les vents portants.

- C'est possible mais il faudrait coucher sur place pour voler le matin.

- Pas de problème ! Dans quinze jours, ma case sera prête. Il faudra prévoir la bouffe.

- Ma femme de ménage s'en occupera, elle a l'habitude ! me dit le conseiller. J'emmènerai aussi l'aile tractée car sur les plateaux cela peut être intéressant !

Deux semaines plus tard, nous repartons à deux voitures pour Doucki. J'espère que les travaux sont achevés, du moins ceux de la case ouverte. A l'arrivée, on rentre les voitures et je découvre avec satisfaction que la case est terminée et que nous allons pouvoir manger à l'intérieur. Le lit est bien en hauteur, pas exactement comme je le voulais mais ça ira, c'est parfait pour une expédition en brousse. Le conseiller n'en revient pas :

- C'est à toi ?!

- Oui, et Hassan est un super guide et médecin herboriste. Il connaît la région par cœur. Si un jour tu as besoin, pas de problème.

Hassan arrive, nous allons faire la reconnaissance du terrain d'envol avec lui. Il comprend rapidement ce qu'il nous faut : on remonte donc plein nord à partir de la concession et en cinq minutes nous arrivons sur le terrain qu'il nous a dégoté. Super, il faut seulement nettoyer. Quelques coups de matchette par ci par là et voilà prête la piste de décollage : la falaise est à nos pieds.

- Il ne faudra pas se louper car ici personne ne viendra vous chercher ! nous dit Hassan un peu inquiet. *La chasse est fermée, car en bas dans la vallée, ils tirent sur tout ce qui bouge !* Je n'avais pas pensé aux chasseurs !

- Bon, demain neuf heures, il faudra être prêts : les vents thermiques seront établis !

- Mais au fait, par où remonte-t-on ?

- Par les échelles dont je vous ai parlé, répond Hassan. *Je vais envoyer quelqu'un pour vous aider à remonter le matériel.*

- *Non !* dit le conseiller accompagné de son fils, *on a l'habitude !*

Je fais signe à Hassan qu'il vaut mieux envoyer quelqu'un qui a « vraiment » l'habitude. Le lendemain à neuf heures, les deux ailes sorties, on fait les essais de soulèvement des voiles. Tout va bien, on repère le lieu où l'on va essayer d'atterrir. Parfait, on ne sera pas loin des échelles. Je pars en bi avec le conseiller tandis que son fils suivra lorsqu'on sera arrivés en bas. On court…On court…puis on pédale dans le vide. Ça y est, on est en l'air ! Quel régal ! On vole sans bruit hormis celui de la voile qui transperce l'air. On s'éloigne de la falaise en quête d'une vue plus dégagée. Le paysage qui s'étend autour de nous est magnifique, on est dans une autre dimension. En tournant, nous voyons la falaise de face. Que c'est beau ! Mais ?! Il y a des visiteurs ! Deux aigles partis de la falaise viennent tournoyer au-dessus de nous comme pour chasser un intrus de leur territoire.

- *J'espère qu'ils ne vont pas nous foncer dessus !*

- *Non, on est trop gros !* Le conseiller tente d'être rassurant.

- *On garde un œil !*

On longe la falaise jusqu'à distinguer la faille très nettement, mais nous ne l'abordons pas avec le bon angle. On esquisse alors une petite rotation en face de la faille des échelles, et maintenant que l'on a déjà perdu de l'altitude, il faut choisir le terrain :

- *Là, regarde, c'est dégagé !*

- *Ok c'est bon on y va ! Dès qu'on touche le sol, tu cours vers l'avant !*

On atterrit correctement. Le conseiller prend son talkie-walkie et dit à son fils de décoller à son tour. La magie de voir cette aile planer dans le ciel devant la falaise. Le gamin s'amuse, tout seul. Il fait des ronds et lui aussi a vu les aigles. On dirait qu'ils reproduisent les mêmes cercles. Mais les rapaces foncent sur lui, redressent et remontent au dernier moment. Quel moment angoissant ! C'est magnifique et le vol est beaucoup plus intéressant qu'à Kindia. C'est une grande première et Hassan, resté au sommet de la falaise en reste bouche bée : « *C'est pas possible de voler comme ça ! Que vont dire les gens de la vallée après avoir vu ces gros oiseaux voler ?!* »
Le fils se pose. On plie le matériel, il faut à présent attaquer la montée. Le début se passe bien, ils apprécient le chemin jalonné d'échelles mais avec un gros sac de quinze kilos sur le dos, ce n'est vraiment pas facile.

Heureusement, Hassan a envoyé un jeune costaud qui se saisit d'un des sacs et monte aisément avec. Le second sac, on se le passe de l'un à l'autre au fur et à mesure que l'on monte. La manœuvre se corse quand on doit faire passer le sac dans le trou. L'un de nous passera sans sac et le suivant le lui fera passer. Après, ce sera facile en alternant le portage de la charge entre nous.

De retour chez Hassan, on mange dans la case ouverte. Quel bonheur ! On est à l'abri du soleil mais le vent se faufile à travers les barreaux de bois, l'idéal pour manger. Le conseiller et son fils sont aux anges, c'était une belle aventure. L'après-midi, on essaiera les ailes tractées par la voiture, mais le vent trop fort ne nous permettra que quelques sauts, rien de très intéressant. Ce sera pour une autre fois.

*La région de Nzérékoré et
du Mont Nimba (Sud-Est)*

On attend les vacances de Pâques pour préparer ce périple de huit-cent-cinquante à neuf cents kilomètres avec seulement quatre cents kilomètres de goudron acceptable, deux-cent-cinquante de très mauvais goudron (plein de trous, souvent énormes) et le reste constitué de piste. La veille de partir, on apprend que le pont de Kissidougou est cassé et que personne ne peut passer ni dans un sens ni dans l'autre. Tant pis ! On partira à l'aventure et on modifiera l'itinéraire s'il le faut !

On a préparé un programme chargé car au vu des distances, on n'y reviendra pas tous les jours. On part de très bonne heure et on avale les kilomètres jusqu'à Mamou, que l'on connaît très bien (route du Fouta). Là, on prend la route qui descend sur Kissidougou, alternance de savanes et de forêts assez agréables à regarder mais monotones. On traverse le « petit Paris », un village tout en longueur où existe encore sur la colline une ancienne résidence d'ambassade qui donne sur la frontière de Sierra Leone. On y trouve encore quelques éléphants de forêt et une grande source qui permettait d'alimenter la demeure. Une petite centrale hydraulique alimentait en électricité le village durant la nuit, d'où le nom donné au village, en hommage à Paris, ville lumière. Depuis que la demeure n'est plus habitée, l'entretien de la source, des canalisations et de la petite centrale n'a jamais été fait et c'est donc tombé en panne. Quel dommage ! Une scierie a bien essayé de prendre la relève, mais en vain.

Nous arrivons à Faranah avant la nuit et on couche dans la seule auberge du coin. En discutant avec la patronne, on lui dit qu'on va à Nzérékoré. Elle nous confirme que le pont est cassé et qu'il y a une queue de plus de deux kilomètres de chaque côté. « *Mais vous avez la possibilité de passer par Banankoro ou de voir avec les villageois !* » Bon, on verra sur place !

Le lendemain, on part à sept heures. Comme prévu, on se retrouve bloqués dans le bouchon du pont de Kissidougou. On double la queue de voitures et malgré les protestations, on se place derrière les camions. Ça discute ferme ! On perd facilement une heure à demander des infos à droite et à gauche. Je sors ma carte IGN, que tout le monde veut consulter. Une personne de la région s'approche de moi, regarde la carte et me dit :

- Si vous retournez sur deux kilomètres, vous voyez la petite piste sur la carte qui arrive à la rivière ?

- Oui, mais après, on peut rejoindre la grande route ?

- Oui, mais il faut traverser avant car il n'y a pas de pont !

- Et alors, je fais comment ?

- Si vous voulez, j'essaie de vous faire traverser la rivière en mettant la voiture sur des pirogues. Je suis du village et je peux m'occuper des pirogues !

J'échange un regard avec Christine :

- On tente l'expérience ?

- Ok !

*Le Pajero sur deux pirogues
pour traverser la rivière*

L'homme monte avec nous puis on fait demi-tour. Tout le monde nous regarde d'un air de dire : « ils vont où ceux-là ? » On tourne sur la piste et on arrive effectivement à la rivière, large d'une trentaine de mètres.

- C'est profond ?

- Non, au maximum deux mètres.

Sur le bord, je repère deux grosses pirogues qui d'habitude transportent du bois et des denrées alimentaires pour la cuisine. L'homme donne des ordres et les planches arrivent.

- Ok, mais cela va nous coûter combien ?

- Si cela marche pour vous, j'aurai ensuite beaucoup de clients alors je vous fais un bon prix.

En effet, la proposition est raisonnable, on est partant. Il assemble les deux grosses pirogues en posant des planches en travers et en les clouant sur les rebords latéraux des pirogues sur presque toute la longueur de l'embarcation. Ils ajoutent des planches au niveau des bancs. Ils en posent ensuite en longueur qu'ils clouent sur les planches transversales. Pour finir, deux nouvelles planches clouées en biais de chaque côté et sur le dessus terminent l'installation. Ça me semble suffisamment rigide. Les ouvriers improvisés évaluent l'écartement des roues de la voiture et disposent deux nouvelles planches de chaque côté pour servir de bande de roulement. En fait, la voiture sera en travers sur les pirogues ! Ils positionnent les pirogues parallèlement à la berge puis avec des pelles, coupent le bord de la berge afin d'approcher la barge ainsi créée. D'autres sont partis chercher des rondins de bois. Quatre sont enfoncés verticalement à la limite de la terre enlevée et serviront d'appui. Les rondins sont posés sur le sol et appuyés aux piquets. Ensuite, ils installent deux planches superposées en guise de rampe. Il ne reste plus qu'à monter. J'avance tout doucement, pas très rassuré. Les roues avant arrivent sur la première pirogue, ça craque un peu et la pirogue s'enfonce. Je continue, la seconde pirogue s'enfonce à son tour. Hum…les roues arrière arrivent sur la première pirogue, le tout s'enfonce un peu plus ! Il reste cinq centimètres au maximum encore au-dessus de l'eau. Christine est restée sur le bord. Inquiète, elle me fait signe que la hauteur d'eau est très limite. Il ne faudrait pas que ça tangue, nous avons une marge de manœuvre très faible. Bon, maintenant, comment va-t-on faire ? C'est alors que tous nos ouvriers se mettent à l'eau et commencent à pousser ce « bac improvisé ». On avance doucement mais on avance et je croise les doigts. Au milieu, les hommes n'ont plus pied alors il faut pousser en nageant et si possible sans faire de secousse. Ça crie sur le bord où la foule s'est entassée. Les nageurs arrivant au plus près de l'autre berge touchent terre et tirent l'ensemble. Je sue à grosses gouttes au milieu des cris, sans savoir si ce sont des cris de joie ou de peur. Allez, encore cinq mètres ! J'ai envie de les aider à pousser et à tirer, mais je suis là, au volant, sur un bateau dont je ne suis pas le commandant de bord ! Allez, deux mètres. Là, je ne risque plus grand-chose, mais sait-on jamais ? Christine a déjà embarqué sur une petite pirogue avec trois autres ouvriers qui ont pris des planches pour faire une rampe de descente. On arrive sur le bord. Ouf ! Je démarre et sors tout doucement de « mon bateau pont » et lorsque la voiture touche le sol, le village entier se met à applaudir, chanter et danser en une fête improvisée. Durée de l'opération : trois heures ! Ainsi, nous avons pu rejoindre Nzérékoré. Mais quelle aventure !

Le lendemain, à la station d'essence de Nzérékoré, tout le monde semble me connaître ! Je suis celui qui est passé sur les pirogues ! J'apprends qu'ils ont fait passer quatre voitures dans un sens et cinq dans l'autre. Bravo, notre ingénieux local a mérité son initiative et va gagner pas mal d'argent ! Nous, on pourra faire notre programme.

Nzérékoré est la principale ville de la région mais son activité se situe à l'extérieur de la ville ; c'est un peu une ville fantôme avec ses grands bâtiments coloniaux, son stade mais surtout toutes ces traditions africaines de sorcellerie et des gris-gris qui perdurent encore. Il y en a partout, et de toute sorte. On nous a conseillé de loger chez les sœurs de la mission catholique. Deux grands bâtiments impressionnants, propres et des jardins bien entretenus autour de la chapelle. Les chambres sont simples, rustiques mais propres et l'accueil est sympa, et puis les sœurs connaissent beaucoup de choses et d'astuces, indispensables dans la région. On en profite pour glaner quelques infos pour monter au mont Nimba dont l'accès n'est pas toujours autorisé car c'est une grosse réserve en minerai de fer (exploitant fictif brésilien Rio Tinto). Les sœurs nous mettent en garde : « *Faites très attention, beaucoup de personnes se perdent à cause des nuages qui montent très vite et recouvrent toute la montagne. Partez de très bonne heure car à partir de onze heures, vous ne verrez plus rien !* » Bon, on verra bien sur place…

Le mont Nimba est une montagne mythique dont l'emblème est le serpent Nimba : un naja et une grenouille ovovivipare unique au monde. La montagne est constituée d'un minerai dont le pourcentage en fer est exceptionnel. Un caillou pèse quatre à cinq fois plus qu'un caillou ordinaire mais son exploitation, très conviée, n'est pas à l'ordre du jour à cause de difficultés liées au transport : il n'y a pas de route ou celles-ci sont trop longues quand elles passent par la Guinée ou par le Libéria et cela demande des sommes importantes. Sa position est aussi exceptionnelle car située à la frontière du Libéria et de la Côte d'Ivoire.

Le mont Nimba

On prend le petit déj et au moment de partir les sœurs nous confient : « *Allez dormir au camp de base mais surtout, à la barrière, ne dites pas que vous voulez monter. Dites seulement que vous allez au camp de base !* ». On tourne dans la ville durant la matinée, cherchant quelques infos sur la fameuse grenouille, symbole du mont Nimba : rien, on ne trouvera rien à ce sujet. En début d'après-midi, nous prenons la piste en latérite rouge vers le mont Nimba.

On ne le distingue pas, il est dans les nuages. Nous passons à la mare sacrée où l'on aperçoit des centaines de silures, de gros poissons à moustaches qui attendent à manger, puis arrivons au niveau de la barrière. Le gardien nous interroge :

- *Où allez-vous ?*

- *Au camp de base, voir Monsieur…*

La barrière se lève et nous nous dirigeons vers le camp qui se trouve sur un contrefort du mont. C'est un joli coin qui domine la vallée et qui permet d'observer un très beau coucher de soleil sur la plaine. Les bâtiments, en parfait état, sont vides et le gardien met à notre disposition une grande pièce propre où nous pouvons poser nos matelas et passer la nuit à l'abri du vent et du froid.

Huit heures le lendemain. On prend la voiture pour faire les premiers kilomètres praticables. Vestes enfilées, on grimpe sur le chemin bien marqué au départ. Celui-ci se perd un peu dans l'herbe par la suite mais on distingue très bien où l'on va car le ciel est parfaitement dégagé. La vue est splendide sur la vallée. La trace, à peine visible, monte tout droit vers le sommet. Mon palpitant accélère et comme souvent en montagne, quand on croit en avoir terminé…ça monte encore ! Une crête et c'est reparti de nouveau ! Essoufflés mais enfin arrivés ! Non pas en haut du sommet mais à un point culminant qui permet de voir la Côte d'Ivoire et le Libéria. Une petite crête continue vers le sommet, mais il nous faudrait au moins encore une heure de marche pour l'atteindre ! La vue à trois-cent-soixante degrés est extraordinaire, dominant par le dessus les nuages de la vallée. On observe à gauche et à droite : Que c'est beau ! Allez, continuons jusqu'à la petite faille qui coupe la crête, elle ressemble à un serpent qui escalade la montagne. De là, la vue est encore plus belle : on est au milieu de rochers noyés dans une herbe verte, très verte, qui donne envie de se rouler dedans. Que c'est doux ! Et quelle sensation très agréable de marcher sur un tapis de laine. En avançant, mon esprit se met à divaguer quand une petite bestiole saute devant mon pied ! Je m'arrête et appelle Christine : « *Viens voir, il y a quelque chose qui a sauté ici !* » A quatre pattes, nos mains écartent les herbes humides, là où une toute petite grenouille d'à peine un centimètre s'est figée. Incroyable ! La grenouille du mont Nimba est juste devant nous ! Nous la faisons bouger, elle saute bien et elle n'est pas facile à retrouver. Je voudrais la filmer mais elle est si petite ! Est-ce un bébé ou un adulte ? C'est bien la grenouille recherchée et c'est à cause de sa taille minuscule que peu de gens l'ont vue.

Après cette belle découverte, nous reprenons notre marche sur les flancs du mont, mais déjà au loin les nuages se forment dans la vallée et se concentrent en bas. On s'avance, je prends des points de repère. Quelques premiers nuages très clairs arrivent, ils vont très vite mais la visibilité est encore bonne. Soudain, les nuages montent de tous les côtés ! Impressionnant ! Vite, demi-tour, il faut retrouver le chemin qui descend ! « *Dommage !* dit Christine, *avec les nuages on aurait pu faire de superbes photos !* » On n'a même pas le temps de cadrer que les nuages modifient toute la composition. Vite, pas de temps à perdre. Heureusement, je retrouve mes points de repère et l'on peut amorcer la descente : on sort de cette mer de nuage qui couvre à présent toute la montagne derrière nous et qui s'épaissit de plus en plus. Il ne faut vraiment pas traîner. Sur trois cents mètres, on a du mal à savoir si l'on est sur le bon chemin mais tant pis, il faut descendre quand même. Nous traversons un épais nuage et retrouvons enfin le sentier. Ouf ! Les sœurs avaient raison ! A proximité de la voiture, j'avais remarqué un gros caillou à la forme intéressante de WW. Je le retrouve sans mal pour le montrer à Christine, mais il m'est impossible de le soulever. C'est du fer ! Je le fais rouler jusqu'au chemin puis je m'affaire à enlever les gros cailloux qui entravent le passage pour faire monter la voiture et y rentrer ma trouvaille. Ce caillou sera notre souvenir ! Quelle belle pierre !

On redescend ainsi à Nzérékoré pour passer la nuit chez les sœurs, ravies de nos découvertes. Demain, nous irons voir les plantations de palmiers dattiers sur la route de la frontière avec la Sierra Leone. Ils ont rasé la forêt sur des milliers d'hectares pour planter des palmiers. Des alignements de troncs à n'en plus finir ; on ne se sent plus dans le même monde. La population locale a disparu, c'est un désastre. Les pistes sont cependant impeccables, permettant aux camions chargés de noix de rouler comme des fous pour aller déverser leur chargement dans une usine démesurée. Les noix y sont alors transformées en huile de palme pour l'exportation. Il faut savoir que la région ne bénéficie pas des revenus de cette exploitation de la honte responsable d'un vrai désastre écologique. Nous revenons très déçus par cette visite que l'on croyait profiter à une économie à l'échelle du pays.

Nzo et les chimpanzés

L'après-midi, nous prenons la route vers la frontière du Libéria, direction Nzo, où une ONG a protégé une famille de chimpanzés qui habite sur une colline. Arrivés au village, le responsable nous donne un guide et nous demande d'acheter un régime de bananes pour les singes : c'est le droit d'entrée.

On part à pied en direction de la colline devant nous. On se faufile entre les bambous et une demi-heure plus tard, on entend des cris : ils sont là, en train de jouer dans un gros pied de bambou. Nous nous asseyons au pied du bosquet. Au début, les singes font semblant de nous ignorer alors on leur jette une ou deux bananes qu'ils s'empressent de manger puis progressivement et lentement, ils s'approchent. A présent, toute la famille est là, à trois mètres de nous. Les plus âgés viennent prendre les bananes dans nos mains. Les jeunes s'amusent comme des fous et se battent pour partager le fruit. Ils sont différents des bonobos mais ont quand même des coutumes sexuelles très développées et notre présence ne les dérange pas. Nous restons une heure en leur compagnie et c'est finalement le guide qui nous demande de partir. Encore une belle journée ! Là, je reconnais bien l'Afrique !

Nous rentrons à Nzérékoré et pensons à notre retour : le pont est-il réparé ? je n'ai pas trop envie de retenter l'expérience des pirogues ! Je m'arrête à la station-service, où tous les gens nous avaient reconnu. Là, le garçon m'annonce que le pont n'est pas en service mais que les pirogues font le plein dans les deux sens. Les prix ont augmenté et il y a toujours la queue. Il fallait s'en douter ! Il me conseille de passer plutôt par Banankoro mais attention « *C'est la région des chercheurs d'or, donc des bandits et il ne faut pas vous arrêter n'importe où ça peut être très dangereux !* »
Le lendemain, on prend la route N2 qui est goudronnée par endroit mais une bonne piste en latérite serait préférable. On circule au milieu d'une savane aux grandes herbes, c'est assez agréable et plus intéressant que de reprendre la même route. Nous voici à Kerouane, où l'on va tourner à gauche et quitter la nationale. Avant de rentrer dans le domaine des chercheurs d'or, on choisit un coin dégagé sous un gros arbre pour déjeuner.

Plus on avance, plus l'état de la piste se dégrade. Pourvu qu'il ne pleuve pas car avec l'argile ce serait une véritable patinoire. A Banankoro, de gros 4X4 tout neufs sont garés dans le village : l'or n'est pas loin ! Mais l'or, apparemment, n'est pas pour tout le monde comme en témoignent les cabanes en tôle délabrée.

On quitte la savane pour s'enfoncer dans la forêt, une succession de grosses bosses de ravines énormes et de trous plus grands les uns que les autres pour vous donner une idée des dimensions. Le Pajero disparaît complètement dans la traversée d'une ravine. Ces petites montagnes russes vont se prolonger sur une centaine de kilomètres nous obligeant à nous arrêter constamment pour estimer la difficulté et des fois me guider lors du passage des roues. Épuisant.

On arrive finalement à Kissidougou juste avant la nuit et regagnons l'auberge. C'est d'ailleurs ici que j'ai acheté le fameux cheval de pierre de Kissi, emblème de la région. Les Kissi (ethnie de la région) utilisaient les chevaux pour les batailles et les guerres inter-ethniques. Ils étaient réputés pour être invincibles grâce à leurs chevaux. L'emblème, un cheval avec son cavalier à coté, est reproduit dans une pierre à savon qui se taille au couteau.

Le lendemain, on prendra la route en dépassant la file d'attente des camions, les voitures étant dirigées vers le passage en pirogue, pour rentrer sur Conakry.

Reconnaissance sur le fleuve à Boffa

Un jour de la semaine, Henri vient me voir et me demande si je veux l'accompagner pour faire une reconnaissance en bateau sur les bras du fleuve qui se jettent dans la mer. En fait, il ne veut pas être seul et il sait que je suis toujours partant. La première reconnaissance, c'est pour l'extraction de sable de rivière pour la cimenterie de Guinée ; la seconde pour la construction d'un pont à Boffa afin de remplacer le bac toujours en panne.

Dans un premier temps, on étudie les cartes IGN de la région, ce qui nous permet de préparer l'expédition car avec la mangrove, il vaut mieux ne pas se faire piéger. Henri s'occupe du bateau, son Zodiac en alu, de l'essence et du petit matériel ; moi, du ravitaillement en bouffe, boissons, tente et moustiquaires. Nous voilà partis, la mer est calme et le bateau glisse sur l'eau, pas le temps de pêcher et puis on rencontrera sûrement des pêcheurs. La côte ne présente pas de paysage intéressant à part la zone de mangrove, toujours aussi inquiétante et impressionnante, donc on file. Au niveau de la baie de Sangaria, on remonte l'estuaire où l'on croise effectivement beaucoup de pirogues de pêcheurs. Les berges se resserrent et la mangrove n'est maintenant qu'à quelques mètres de nous de chaque côté. L'eau à la teinte marron devient grise et une multitude de points se déplacent à sa surface. Henri ralentit et s'arrête. Incroyable, ce sont des poissons d'une vingtaine de centimètres de long qui se meuvent à touche-touche, à la surface. On redémarre doucement mais le bateau est obligé de les écarter pour pouvoir passer ! Du jamais vu, on n'en revient pas ! Ça continue ainsi sur au moins trois-cents mètres. Les pêcheurs ne doivent pas manquer de prises ! On remonte la branche de la rivière, puis prenons un autre bras, pour déboucher sur une nouvelle baie et là, rebelote ! Même phénomène ! Quel spectacle, des milliers de poissons sont collés les uns aux autres et ceci jusqu'aux premières petites vagues de la mer qui annoncent le banc de sable. On s'arrête pour faire le point. « *Charger du sable ici sera facile, ensuite le transporter par où on est passé ne posera pas de problème mais pour une barge chargée, il faudra un très bon pilote. Seconde solution, avoir en plus un moteur à l'avant directionnel pour compenser les effets du courant, mais c'est jouable* ». Nous continuons notre trajet le long de la côte où je lui montre le camp de Koba abritant une auberge (j'y suis déjà venu en 4X4) où nous passons la nuit. Un pêcheur nous propose des palourdes : hum.. Ça croque un peu sous la dent !

Le lendemain, on longe la côte jusqu'à l'estuaire de Boffa. Nous croisons de grosses pirogues qui partent pêcher en mer. Partout, de chaque côté, la mangrove, les hérons gris et les pique-bœufs blancs sur fond vert, quel beau tableau quand il est bien éclairé. On arrive dans la ville où l'on croise le bac, qui fonctionne. On dépasse les dernières maisons, le courant devient plus important. Henri met les gaz. Tiens, sur la gauche, on dirait un quai et une belle demeure cachée par les arbres et la végétation. Henri : « *On s'arrêtera au retour car avec ce courant, je veux être sûr d'arriver !* » Le bateau glisse bien sur l'eau et nous conduit jusqu'à l'embranchement d'un petit bras de rivière sur lequel il faut construire un pont provisoire pour alimenter le chantier du grand pont. On remonte sur trois-cents mètres jusqu'aux pirogues sur la berge où l'on distingue l'arrivée d'une piste. « *C'est là* » me dit Henri. En effet les voitures ne peuvent pas aller plus loin. Les gens nous regardent et s'interrogent.

- *Regarde dans le sac, il y a une corde avec des nœuds tous les mètres.*

- *Ok.*

-*Avec la manille, accroche la masse métallique.*

- *Ok.*

- *On va mesurer la profondeur du lit d'un bord à l'autre.*

- *Ok.*

Henri stabilise le bateau dans le courant, je sonde tandis que l'ami note les résultats. Tout se passe bien et d'après un premier tracé au pif, cela donne visiblement de bons résultats. On fera trois allers-retours en sondant. A présent, il faut observer les berges pour les piles (culées). Là où il y a la piste cela a l'air bon et le passage a déjà fait un bon tassement. De l'autre côté, ce n'est pas le cas : le sol semble être de la vase et il faudra stabiliser la berge en prévoyant une barge de latérite. Notre travail s'arrête là, le reste on le verra avec la société italienne. On peut repartir et on va avoir le temps de s'arrêter sur le retour. Henri a bien repéré le quai et la demeure cachée, il dirige le bateau droit dessus. On accoste au quai et attachons le zodiac à l'anneau pour nous hisser sur le ponton. Là, un canon nous attend ! « *Qu'est-ce qu'il fait là ?!* » On s'approche. En bronze noirci par le temps, quelle pièce intrigante ! Un petit chemin est tracé mais est envahi par les grandes herbes. En deux-trois coups de matchette, on se fraye un passage vers la maison. Sur le bord de ce qui devait être une terrasse trône un deuxième canon ! Puis un troisième à l'entrée ! Ils étaient bien protégés ! On se regarde…La construction est une belle bâtisse en dur avec un toit de tuiles rouges noircies par le temps et l'humidité, mais visiblement en bon état. Plus de porte ni de fenêtre, elles ont été probablement volées. Ce n'est pas une maison de maître, mais elle ressemble plutôt à un comptoir ou un ensemble de bureaux. A côté, une petite maison vide devait abriter un gardien. Un peu plus loin, une vieille barrière rouillée entrave un chemin qui n'a pas été utilisé depuis longtemps. Il n'y a pas de jardin proprement dit mais de grandes allées recouvertes d'herbes. On fait le tour de cette grande bâtisse : ce devait être superbe et quel emplacement de choix avec cette vue sur le fleuve ! Sur le côté à une vingtaine de mètres, se succèdent des cellules fermées de grilles épaisses A l'intérieur, c'est sale, nu et des graffitis sont visibles sur les murs. Au bout, une allée se dirige vers le quai et là, de nouveau un canon ! Nos regards se croisent : « *Ce devait être un ancien port d'esclaves !* » C'est triste mais ce lieu représente malgré tout une valeur culturelle. Je vais en parler au conseiller culturel de l'Ambassade de France. Le retour sur Conakry, en direct, se fera sans aucun problème. Au cours de la semaine, je rencontre le conseiller culturel à qui je parle de la bâtisse. Personne à l'ambassade ne connaît cet endroit, me dit-il, je vais me renseigner auprès du Ministre de la Culture et du Musée National. Il n'obtiendra aucune information, ce qui ne m'étonna pas.

Deux semaines plus tard, nous partons avec Henri et le responsable de l'entreprise, installer les cabanes de chantier pour le pont provisoire. J'en profite pour aller rendre visite au père de la mission de Boffa, un vieux qui a passé presque toute sa vie ici et qui ne veut pas partir. Lui doit avoir des infos !

- Bonjour mon père, puis-je vous poser une question délicate ?

- Oui, bien sûr !

- Est-ce que vous connaissez, en amont du fleuve, l'ancien port des esclaves ?
Il me regarde en fronçant les sourcils.

- Pourquoi ?! Qui t'a parlé de ça ?

- Personne, on l'a visité en passant en bateau ! Il réfléchit un moment.

- Mon fils, fais très attention car ce lieu est indésirable et les autorités interdisent tout accès. Ils ne veulent absolument pas en parler ! Tu risques gros s'ils apprennent que tu y es allé !

- Merci mon père, je m'en doutais un peu et c'est pour cela que je suis venu.

Comme par hasard, le mois suivant, j'apprends que le Président de la République de Guinée a acheté toute la langue de terre située entre la ville et le nouveau pont (comprenant bien sûr cet espace qui aurait pu devenir un musée de première classe. Puisque je parle d'esclavage, savez-vous qu'il existe encore certaines formes de cette pratique dans beaucoup de pays africains entre les différentes ethnies ? On évite d'employer ce terme, mais les pratiques sont les mêmes !

La libération des enfants esclaves

Ma femme de ménage voyant que je me déplace partout dans le pays, me propose d'aller voir son village dans le Fouta, au Nord de Labé, où vivent ses deux petits frères. Pourquoi pas, c'est une région intéressante et je connais déjà des endroits où l'on peut coucher.

On y part donc un week-end et arrivons à Tougué, village connu depuis l'affaire Strauss-Kahn. Le village a dû avoir ses heures de gloire, en témoignent les imposantes bâtisses entourées de grandes cours clôturées (en général les cours sont assez petites dans ce style d'édifice). Tougué est situé sur une colline où coule un ruisseau qui, s'il était aménagé, ferait le bonheur de tous et surtout des enfants. On arrive à la concession : une grande cour avec des animaux et deux habitations en dur côte à côte, mal entretenues. La tante de ma femme de ménage nous reçoit, accompagnée de sa fille d'une trentaine d'années. Je lui tends un sac de riz que la « vieille » s'accapare sans dire mot. Ma femme de ménage a aussi porté un sac de vêtements pour ses deux petits frères que la vieille lui arrache des mains pour le donner à sa fille pour ses propres enfants. La femme de ménage n'ose rien dire à la vieille, alors je lui montre mon désaccord mais cela ne change rien. La tante ordonne à sa fille de nous conduire au champ où travaillent ses petits frères : un très joli champ clôturé par un buisson. Il est visiblement bien cultivé et entretenu, planté de nombreux arbres fruitiers, orangers, citronniers, manguiers mais aussi de légumes, choux, carottes, fèves et du manioc. Les deux frères bêchent une nouvelle parcelle de terre.

Le plus jeune semble avoir huit ou neuf ans et l'autre pas plus de onze ou douze ans. Ils sont très mal habillés, pieds nus, tee-shirt déchiré et plutôt maigres. Le grand a reconnu sa sœur et se met à courir dans ses bras ! Le plus jeune suit timidement. Très touchantes ces retrouvailles ! Ils entretiennent seuls ce jardin qui appartenaient à leurs parents tandis que les petits enfants de la « vieille » vont à l'école.

De retour à la bâtisse avec eux, la femme leur demande de rester au champ. « *Pas question !* » dit la femme de ménage. La vieille tante montre alors son mécontentement et attrape un bâton pour les frapper ! Là, j'interviens et lui arrache le bâton des mains. Elle hurle et leur ordonne d'aller dans leur chambre. Les deux petits s'exécutent et je les suis. Ils se réfugient dans une pièce meublée d'une natte posée au sol, deux morceaux de tronc d'arbre en guise de sièges, pas de table...rien ! La fenêtre est même occultée par des cartons, les pauvres ! Dehors, la femme a distribué les vêtements à ses propres enfants revenus de l'école. C'en est trop et je le fais savoir à ma femme de ménage : « *Tu ne dois pas laisser faire ça !* ». La vieille s'en mêle et me fait signe de sortir de la maison. Ma femme de ménage suit ainsi que les enfants qui courent en pleurant se jeter dans les bras de leur grande sœur, ils veulent la suivre. Je me retourne : la « vieille » a de nouveau pris un bâton ; là, j'en peux plus, je lui arrache le bâton et lui montre que c'est moi qui vais la frapper. Elle part en hurlant ! On finit par partir... les larmes coulent sur les joues de la femme de ménage. « *On va chercher une solution !* ».

De retour à Conakry, je vais voir une personne de confiance guinéenne que je connais et lui demande comment cela se passe, en brousse, quand deux petits enfants perdent leurs parents. Il me répond :

- *Soit le chef de famille, oncle ou tante, a une bonne situation, alors il prend à sa charge les enfants comme s'ils étaient ses propres enfants, mais s'ils n'ont pas de situation financière stable, alors ils utilisent les enfants comme des ouvriers ... des esclaves qui n'ont droit ni à l'éducation ni d'aller jouer avec les enfants du village.*

- *Mais c'est affreux !*

- *Oui, mais en brousse, c'est comme ça et c'est très courant.*

- *Qu'est-ce qu'on peut faire pour les sortir de là ?*

- *Rien, sauf s'il y a un grand frère ou sœur qui les prend en charge.*

- *Et si l'oncle ne veut pas les laisser partir ? Alors il faut les faire sortir en cachette !*

A midi, en rentrant à l'appartement, je demande à ma femme de ménage si elle peut loger ses deux petits frères et s'en occuper. "*Oui, mais je vais demander à ma grand-mère si elle peut les loger avec moi, moi je les prendrai en charge pour les nourrir.*"

Un peu plus tard, je lui dis d'acheter des vêtements et des chaussures à la bonne taille (maintenant qu'on les a vus) mais je ne lui en dis pas plus. Trois semaines plus tard, j'organise « l'enlèvement » des deux frères. « *Tu ne dis rien à personne, même à ta grand-mère. Prends les vêtements et prépare de la nourriture, on couchera dans la case à Doucki et pas à l'hôtel pour éviter les contacts.* » On part, dormons à Doucki et à six heures du matin, on prend la route. Deux kilomètres avant l'arrivée au village, on emprunte un petit chemin sur la droite qui arrive à la concession. Je choisis un endroit dégagé puis fais demi-tour pour être prêt à partir. On marche, on coupe à travers champs jusqu'à la plantation. Les deux petits sont déjà là…personne d'autre. « *Regarde bien, on ne sait jamais ! Si tu vois quelqu'un tu préviens !* » Elle n'a pas fait deux mètres dans le champ que les petits l'aperçoivent. Chut !!! fait-elle avec le doigt sur la bouche. Ils ont compris et se mettent à courir. Chut ! On sort du champ. Personne. C'est bon, vite, pas de temps à perdre ! On regagne la voiture. « *Le grand, couche-toi derrière les sièges, le petit sur le siège ! Couvre-les avec la couverture, il faut passer Labé sans qu'on puisse les voir !* »

Pendant qu'on roule, le silence est complet dans la voiture, les deux enfants ne bougent pas. La traversée de Labé se fait tranquillement, il est encore tôt et il n'y a pas grand monde dans les rues. On croise deux voitures, en gardant les yeux droit devant. Tout va bien, on sort de la ville. Elle leur demande si tout va bien, le grand lui dit que oui. On roule…jusqu'à nous arrêter dans la forêt de sapin avant Pita.

« *Regarde s'il y a quelqu'un.* » Personne. On s'engouffre dans le chemin sur environ deux-cents mètres. Je sors le jerricane d'eau pour que les deux petits se lavent avant d'enfiler les vêtements. Pas un mot, ils sont pétrifiés de peur. Leur sœur essaie de les rassurer et les habille. Pour la première fois, je lis un sourire sur leur visage. Ils se regardent mutuellement et semblent ne pas se reconnaître avec leurs nouveaux habits. Ils se jettent dans les bras de la grande sœur. « *Allez, on file, on mangera en roulant après Dalaba. Prends la glacière dans le coffre : ils peuvent s'assoir maintenant.* » C'est la première fois qu'ils montent dans une voiture, ils ne savent pas où donner de la tête mais sur leur visage, on lit un certain soulagement. « *Au barrage, il faudra de nouveau se coucher sous la couverture. Je descendrai avec les papiers.* »

Contrôle à Mamou. Le gendarme, tout content de ne pas se déplacer et du petit billet glissé dans sa main, nous laisse passer. Ouf ! Le prochain barrage est à l'entrée de Conakry, mais là, on pourra passer normalement. C'est dimanche et à Conakry, tout est calme, nous passons le barrage et traversons la ville. A deux-cents mètres de la maison de sa grand-mère, je m'arrête et dit à ma femme de ménage de continuer à pied avec ses frères.

Je ne veux pas qu'on me voit dans la voiture avec ces deux nouveaux arrivants car les voisins remarquent tout et le tam-tam africain est redoutable. Tout se passe comme prévu et je rentre à Moussoudougou où je passe la fin de journée avec les copains au bord de la piscine :

- Tiens, tu es là aujourd'hui ?

- Oui, un petit coup de fatigue…

Pas un mot sur l'expédition. Pendant un mois, je reste sur mes gardes en prévoyant une sortie imaginaire en bateau avec Henri, au cas où. Deux mois plus tard, le plus jeune était inscrit à l'école du quartier et le plus grand en formation dans un garage. Ils étaient en bonne santé et « contents d'être là ». Un an plus tard, ils avaient bien grandi tous les deux et s'étaient bien adaptés à la vie de Conakry, ils ne voulaient pas retourner au village.

La tournée d'Hassan, médecin herboriste :
Dix heures de marche

Un jour avec Henri, nous montons à Doucki où les travaux ont été réalisés par Hassan, il a même ajouté un coin pour prendre la douche et le lit en hauteur a été fait avec du vieux bois. Demain, nous allons accompagner Hassan dans sa tournée de médecin herboriste. Rendez-vous à sept heures.

Sept heures quinze, on part avec un sac à dos chacun et une bouteille d'eau d'un litre et demi et quelques boîtes de sardines et de vache qui rit. Lui, a sa sacoche bien légère, pleine d'herbes. « *On descend par les échelles, ce sera moins long !* » Tant mieux, cela nous convient. On descend à notre rythme et il est déjà en bas alors que l'on n'a pas descendu la moitié. Il nous attend mais on perçoit bien qu'il s'impatiente…Arrivés en bas, il nous dit :
- *Prenez ce chemin, je pars devant ! Vous me trouverez à la première case du village.* » et le voilà parti. En fait, il ne marche pas, il court. On le suit à notre rythme et en arrivant à ladite case, il est là, dehors, qui nous attend.
- *Tu as déjà fini ?*
- *Oui, bien sûr. Traversez le village et continuez tout droit sur le même chemin, je serai aux prochaines cases, j'ai encore une visite.*

Et le voilà reparti ! On essaie de le suivre, mais au bout de cent mètres, il nous a déjà semés. Une demi-heure plus tard, on le retrouve à l'entrée d'une sorte de forêt en plein milieu de la vallée. Il nous attend pour traverser la rivière. Chouette ! Il y a un pont en lianes amélioré avec une plateforme de planches comme celui de Poubara au Gabon. On se régale, il faut dire que c'est quand même impressionnant de sentir le pont bouger ! Et quand on sort de ce gros bosquet d'arbres face à un chemin qui longe longe la rivière, il part devant : « *Vous me trouverez au prochain village où l'on s'arrêtera manger !* » Ok, on continue. Heureusement que l'on est deux, car tout seul ce ne serait pas marrant ! Comme convenu, Hassan nous retrouve à destination et il nous conduit à la rivière, sur des rochers ombragés par de grands arbres. « *Vous pouvez manger ici et vous mettre les pieds dans l'eau, moi je mange au village.* » On grignote nos boîtes de sardines et cherchons un coin pour s'allonger. Impossible, il est déjà revenu et il faut repartir ! Ça, c'est du sport !

On longe la rivière et une demi-heure plus tard, il faut de nouveau traverser la rivière, cette fois sur un pont de fil de fer (le fer a remplacé les lianes, pas faciles à trouver dans cette région). C'est rigolo mais on ne se sent pas à l'aise sur ces fils de fer et les lieux ne sont pas vraiment photogéniques… « *Maintenant on va traverser la vallée et rejoindre le village situé au pied de la falaise.* » Une fois de plus, il nous devance et on le retrouve un peu plus loin devant une superbe case. Sa visite terminée, il tient à nous montrer cette case qui appartient au chef : construction ronde, en terre, d'au moins huit mètres de diamètre, couverte d'un toit de chaume qui descend à un mètre du sol sauf au-dessus de l'entrée. Magnifique ! Dehors, il fait chaud, le chef nous dit d'entrer. Incroyable, il fait si frais dans la case ! On dirait même qu'il a la climatisation ! Les murs n'étant jamais au soleil, ils gardent étonnamment la fraîcheur. On ressort de la case et Hassan nous dit : « *Il faut remonter la falaise et il n'y a pas d'échelle, vous comprendrez après la nécessité des échelles ! Moi, je pars devant car il faut que j'achète des herbes au marché avant la nuit. Suivez le chemin, vous ne pourrez pas vous perdre car beaucoup de gens descendront pour rejoindre leur village* ». On regarde la falaise. Il va falloir monter tout ça et en faisant des zigzags pour monter les paliers. Un vrai chemin de montagne à la française…

On entame la montée, en plein soleil, il fait chaud et humide. Nous gagnons le premier palier, puis le deuxième tout en n'ayant pas l'impression d'avoir progressé ! ça va être long ! Heureusement que nous croisons des gens sympas avec qui l'on rigole… mais on n'en voit pas la fin et on manque d'eau. Henri commence à pester :

- *Ça fait huit heures que l'on marche, il nous avait dit six heures en tout !*

- *Oui, mais à son rythme ! Et lui ne marche pas, il court ! De toute façon, on n'a pas le choix !*

On croise de plus en plus de gens qui descendent, on est crevés et n'avons plus d'eau. Alors que la nuit arrive et que le marché est en train de se vider, nous mettons la main juste à temps sur une bouteille d'eau. Hassan a fait ses courses et nous voit, épuisés. Il appelle alors un jeune homme qui arrive avec une charrette tirée par un âne ! Hassan :

- *Il y a encore quatre kilomètres ! Vous voulez la charrette ?*

- *Oui, sans hésiter !*

Hassan dit au muletier de nous emmener chez lui. On monte dans la carriole et nous voilà partis sous les applaudissements des gens du marché. Pas très confortable ce moyen de transport ! Un peu secoués mais reposés…on arrive ainsi à la concession. On paie l'homme trois fois rien et le saluons. Quelle journée ! Henri plaisante :

- Il faudra revoir le timing de marche avec Hassan !

- Oui ! On verra ça demain car pour l'instant on va inaugurer la douche avec le sceau.

- C'est parfait !

L'après-pot de départ du Directeur des ciments de Guinée

Avec mon copain Pierre, nous sommes invités au pot de départ du Directeur des ciments de Guinée à l'hôtel Sofitel. Il n'y a que du beau monde, comme on dit. Mais voilà, on est dans l'incertitude politique la plus totale et l'ambassade de France recommande de ne pas sortir après minuit.

Tout se passe très bien et, minuit arrivant, les gens commencent à partir. Nous sommes avec le DG et pas pressés. A minuit moins le quart, le premier conseiller de l'ambassade (qui cherche par tous les moyens à se faire valoir), nous interpelle d'un ton provocateur : « *Vous devez partir maintenant à cause des contrôles de police !* » Nous sommes en pleine discussion et le ton de ces paroles n'est pas le bienvenu. On se regarde avec Pierre et notre réaction est unanime : « *Monsieur, nous n'avons aucun problème de sécurité et encore moins avec les contrôles de Police ! C'est clair ?!* » Le DG des ciments esquisse un petit sourire et nous restons, volontairement, les derniers.

Minuit et demi, on part. Pierre prend le volant et à la sortie du parking, je remarque la voiture du premier conseiller…bizarre…Il nous suit à une centaine de mètres. Ah bon ?! Tu veux nous suivre ?! Alors, on va rigoler ! Pierre prend la direction de la boîte de nuit la plus connue, « le Timiz », où l'on se gare. On fait comme si on ne l'avait pas vu ! On rentre en disant au gardien : « *Préviens-nous si le Monsieur à la voiture noire rentre !* » Après un pot au bar, on traîne un peu histoire d'attendre mais il ne se passe rien.

- *Regarde s'il est toujours là.* Je sors la tête :

- *Il est toujours là.* Pierre me dit :

- *S'il nous suit encore, on va aller au barrage du pont des pendus* () *à côté de chez nous, et on va s'arranger avec les policiers qu'on connaît.*

En effet, nous les connaissons suffisamment bien car la résidence est juste à côté. Le conseiller est toujours dans sa voiture. C'est bon, on y va. On se dirige vers la résidence Moussoudougou en prenant la quatre-voies ; on roule à droite et il est derrière nous. A cent mètres du barrage, Pierre change de voie et se met à gauche sans actionner le clignotant. En fait, à ce barrage, à droite ce sont les militaires et à gauche la police, avec qui l'on a de bonnes relations moyennant quelques billets de temps en temps. Je récupère un billet que je donne à Pierre qui ouvre sa fenêtre et tend la main abritant le billet au policier que l'on reconnaît : « *Le gars qui nous suit, de l'autre côté, n'est pas en règle : fais-le contrôler !* » Nous passons ainsi tranquillement tandis que le policier s'adresse aux militaires qui mettent à exécution le contrôle du premier conseiller et comme celui-ci le prend mal, il s'énerve et va y rester une heure. Comment je sais qu'il est resté bloqué une heure ? Avec Pierre, nous sommes entrés dans la résidence puis ressortis pour prendre un verre et en repassant au barrage dans le sens inverse une heure après, il était toujours là ! Ça lui apprendra ! Sans surprise, le lendemain matin, nous sommes convoqués à l'ambassade par le premier conseiller. On a pris soin de se mettre d'accord sur la réponse :

- *Monsieur, nous, on est rentrés à la résidence Moussoudougou et on vous a bien dit hier soir, que l'on n'avait aucun problème avec les contrôles policiers. Pourquoi ? Vous vous êtes fait arrêter ?* Pierre ajoute :

- *Vous auriez dû nous appeler, Monsieur le Premier Conseiller ! On serait venus vous sortir de là !*

*La rivière Kakrima, la région de Ley Miro
et Donghol Touma*

La piste reliant Kindia à Télimélé ayant été refaite, on emprunte maintenant cette piste pour aller à Doucki car elle est beaucoup plus courte. Certes, il faut faire très attention car les taxis-brousse ont tendance à prendre toute la route dans les virages, mais c'est une piste très intéressante regorgeant d'endroits nouveaux à découvrir.

Ce jour-là, on traverse la rivière Kakrima avec un bac avant d'arriver à Ley Miro, où l'affluent semble nous tendre la main. Je suis avec Henri et nous décidons de nous y arrêter pour remonter le cours d'eau en empruntant une très jolie petite piste qui serpente moitié en savane, moitié en forêts galeries. Peu de voitures passent par ici. On arrive à un village, où à l'entrée, trois gros arbres servent de lieu de rassemblement ou d'arbres à palabres. On s'arrête, et très vite les enfants nous entourent, curieux, puis des hommes arrivent suivis du chef du village.

- Bonjour ! S'ensuivent les questions habituelles. Où allez-vous ? Qui cherchez-vous ?

- On se promène pour voir s'il y a des choses intéressantes pour le tourisme !
Le chef fait ouvrir la barrière et nous avertit :

- Au prochain village, vous ne pourrez pas passer, il y a une barrière fixe.

- Ok, merci, on verra !

On roule sur trois à quatre kilomètres à travers une grande savane où paissent des zébus puis sur la gauche, on aperçoit la falaise des hauts plateaux à une centaine de mètres : on devrait trouver notre bonheur en découvertes ici. Effectivement, un mur de bois est en travers de la piste. Pourquoi ont-ils fait cela ? En entendant la voiture, des enfants accourent, suivis par tout le village. Tout ce monde nous observe derrière la clôture. On descend. Par gestes et des paroles qui ne servent à rien, on leur fait comprendre que l'on veut passer en voiture. Palabres entre les hommes… et tout d'un coup, ils se met à démonter la clôture. Incroyable ! Les hommes, les femmes et les enfants se mettent à l'ouvrage et en dix minutes, la piste est libre. On passe en les remerciant avec de grands sourires et des gestes de la main. Dans le rétroviseur, je les vois déjà en train de remonter la clôture…bizarre. On arrive alors dans un village où des femmes pilent du maïs sous de grands manguiers. Henri descend de voiture et s'approche pour voir le contenu du tronc d'arbre creux et y met la main pour toucher les grains. Une des femmes lui tend le pilon, hilare. Henri n'hésite pas une seconde et se met à piler : la femme rit, une seconde accompagne Henri tandis que les autres femmes tapent dans leurs mains. Tout le monde rigole et la situation tourne à la fête. Henri se retrouve encerclé de quatre femmes qui dansent autour de lui et très vite, d'autres arrivent et s'en mêlent, les tam-tam donnent de la voix : un vrai spectacle ! Nous voilà au milieu d'une fête improvisée où Henri est le chef d'orchestre. Il n'y a pas d'autre homme à l'horizon et les femmes veulent le « blanc » qui pile avec elles ! Elles le tirent par la main pour lui montrer leur case. Il en suit une, s'engouffre dans la case puis en ressort, prêt à faire le tour de toutes les cases. Je klaxonne et Henri revient à la voiture au grand désespoir de ces dames. On reprend la piste en rigolant. Les enfants s'accrochent à la voiture, Henri les chasse gentiment.

Dix minutes plus tard, on traverse un autre village intéressant, près de la rivière. Deux cents mètres plus loin, la piste s'arrête brusquement et se transforme en chemin de chasseur. On descend faire un repérage à pied…non, la voiture ne passera pas. Après un demi-tour, nous revenons au bord de la rivière, sous les manguiers du village. Attroupés mais méfiants, les villageois restent à quelques mètres. Nous descendons et examinons la rivière : trois pirogues sont attachées dont une semble en bon état. Si l'on pouvait arriver à en avoir une ! Pour l'instant, c'est l'heure de manger et on verra après.

Tout le village est là, l'ambiance se détend mais ça discute ferme. Je repère celui qui me semble être le chef. Je lui demande si l'on peut prendre une pirogue pour aller sur la rivière. Ça palabre un peu et moyennant un peu d'argent, il accepte de nous donner l'embarcation. On retourne à la voiture où Henri sort le petit moteur de bateau qu'il a placé dans le coffre : « *Bon, voyons voir comment on va pouvoir l'installer.* » Il a aussi pris trois planches de bois, une scie égoïne et des outils. Henri sait exactement comment faire : il trace une découpe sur une des planches et moi je scie. On essaie. Après une petite retouche, c'est bon ! On ajoute deux entailles pour enfourcher les côtés de la pirogue et deux planches en « V » sur le dessus qu'Henri va clouer sur la pirogue. Il ramène un morceau de tronc d'arbre que l'on coupe et que l'on installe au fond, à l'arrière du bateau. Tout le village a les yeux braqués sur nous, les hommes discutent entre eux. C'est une véritable attraction car ici ils n'ont jamais vu de moteur de bateau ! Henri attrape l'engin et le pose à l'arrière de la pirogue. Un silence s'est installé dans la foule. J'amène le réservoir, le branche. Après quelques coups de pompe, Henri tire sur la corde de lancement du moteur. Vroum…Vroum ! Le moteur démarre sous les applaudissements. Henri garde quelques outils avec lui et demande au chef s'il veut faire un tour. Celui-ci accepte et prend un autre homme avec lui, pas vraiment rassuré. Henri fait un petit tour sur l'eau et revient, si bien que maintenant tout le monde veut monter à bord ! Non…stop ! Je saisis une pagaie dans la pirogue voisine pendant que le chef désigne un pêcheur pour nous accompagner. L'homme prend une grande perche et monte à bord, fier devant tout le village. On remonte ainsi la rivière Kakrima. C'est la nature exubérante, l'eau est claire et les arbres d'un beau vert. Certains penchent dangereusement mais comme il n'a pas plu nous ne risquons rien. Les oiseaux, des pique-bœufs blancs, s'envolent au dernier moment. C'est d'un calme incroyable hormis le léger bruit du moteur qui tourne au ralenti et c'est super, on en prend plein les yeux.

Là, un petit arbre est tombé dans l'eau. En deux coups de machette, le pêcheur dégage le passage. On arrive à des petits rapides où il faut éviter les gros cailloux. Je guide Henri et la pirogue passe aisément l'obstacle mais déjà, plus haut, on entrevoit des rapides plus importants cernés d'arbres couchés. Ce coup-ci, ça va être plus compliqué ! Le pêcheur nous fait comprendre qu'il n'est jamais allé au-delà sur la rivière. On va essayer de passer. Je me mets à l'eau et tire la pirogue. Le pêcheur fait de même et ainsi nous dépassons le premier courant et les rapides. On remonte et naviguons doucement dans des eaux redevenues calmes quand tout à coup, crac ! Le moteur s'arrête ! Zut, on n'a pas vu mais une grosse branche git en travers, sous la surface de l'eau. Je me tiens aux branches situées sur le bord, Henri lève le moteur, évalue la situation et dit : « *Ce n'est rien, c'est la goupille de l'hélice qui a cassé. J'en ai une de secours !* » Une des pales est un peu tordue mais rien de grave, Henri change la goupille et on repart. La rivière se rapproche de la falaise et le paysage est super.

- *Il faudrait pouvoir descendre et aller un peu à pied.*

- Mais tu as vu l'heure ?!

- Zut ! Il faut faire demi-tour !

Sur le retour, on se laisse glisser avec le courant jusqu'au village où tout le monde nous attend. Le chef demande au pêcheur comment c'était. On n'a rien compris de la conversation qui s'en ai suivi mais un autre homme veut à présent faire un tour, puis un autre également… mais ce sera pour une autre fois. Finalement, nous rangeons le matériel et le moteur, on démonte notre montage de planches et nous apprêtons à partir. Le chef du village veut nous montrer quelque chose, mais on n'a plus le temps, malheureusement. Cet endroit, j'en ai entendu parler par les gens du bac : une cascade qui tombe de la falaise dans un grand trou creusé dans la roche, une sorte de marmite de géant où un homme et une femme ont disparu emportés par la « Mami Wata », la sorcière qui vit dans l'eau. Ce n'est pas la première fois que l'on nous parle de cette Mami Wata et de ces lieux ensorcelés.

Nous prenons la piste et traversons le village où Henri s'est donné en exhibition, mais cette fois-ci les femmes restent réservées. Normal, les hommes sont là. On continue et arrivons à la clôture en bois où Henri distribue des gâteaux aux enfants. Tout le village arrive et en cinq minutes, la barrière est à nouveau démontée, nous ouvrant le passage. Je m'arrête dix mètres plus loin pour observer la suite ; tout le monde se remet au travail en une incroyable chorégraphie par laquelle ils remontent cette muraille de bois. On ressent la bonne humeur, les gens semblent même contents de faire cela pour nous. Cette visite était vraiment très intéressante et sympathique alors que le chef du premier village nous avait annoncé qu'on ne passerait pas. Sur le chemin du retour, Henri me glisse :

- On dirait un village gaulois du temps d'Astérix !

- Oui, tu as raison et c'était super sympa ! Il faudra revenir !

La fête de la mare de Baro

Les mares de la région de Kankan sont de grands espaces le long du fleuve Niger ou de la rivière Milo qui ont été aménagés en bassins de rétention à la saison des pluies puis qui s'assèchent avec la saison chaude. Avant qu'il n'y ait plus d'eau, tous les ans, les gens de la région sont conviés à venir pêcher les poissons dans ces mares avec des nasses : cela donne lieu à une fête et la plus connue est celle de Baro.

Pour s'y rendre, on passe par Kouroussa puis on traverse le Niger direction Kankan et vingt-cinq kilomètres plus loin on prend une piste. Pour profiter pleinement de la fête, on m'avait conseillé de venir la veille et de camper en brousse, pas trop près de la marre, pour pouvoir repartir facilement. Ce que je fais. Les pêcheurs arrivent de toute la région et peuvent faire jusqu'à vingt kilomètres à pied, d'autres viennent en charrette à âne, d'autres en taxi-brousse surchargé. Comme c'est la fête, des groupes de danseurs locaux de chaque ethnie s'installent dans des cases réservées pour préparer leurs tatouages. J'arrive au village en marchant, très calme en ce début d'après-midi. Le soir venu, il s'anime et c'est une véritable fourmilière où les préparatifs vont bon train. J'en profite pour repérer les lieux et voir la fameuse mare, une grande étendue d'eau calme avec de petits roseaux. Je ne me doute pas un instant de ce qu'elle deviendra le lendemain. A côté de la mare, une dizaine d'arbres à pain ou fromagers, centenaires, forment une petite forêt sacrée d'où se dégage une étrange impression. C'est beau, majestueux mais bizarre car c'est ici que les sorciers des environs viennent s'installer pour prédire les bonnes nouvelles.

Là, sur un arbre, est accroché un gros tam-tam qui donnera l'ouverture et la fermeture de la pêche et qui, après la pêche sera transporté dans la cour de l'école où les festivités auront lieu. Je me retire pour la nuit dans mon campement où je serai tranquille car dans le village ça grouille, et ça fait déjà la fête.

Le lendemain matin, je me réveille à la lueur du jour, sous les bruits des gens qui arrivent et sont excités. Ils transportent leurs nasses et ça chante à chaque passage. Je prends mon petit déj et je marche jusqu'au village. Celui-ci est méconnaissable : ce sont des milliers de gens qui sont déjà là, vont à droite et à gauche. D'impressionnant groupes de danseurs et de musiciens s'activent, certains ont déjà enfilé leurs déguisements. Et ça continue d'arriver de partout et ça se bouscule même autour de la mare, où chacun veut avoir la meilleure place. C'est noir de monde. Je me dirige vers la forêt sacrée où cinq sorciers sont installés, créant une bousculade autour d'eux où chacun veut connaître « son destin » (le nombre d'enfants qu'il aura, le nombre de femmes qu'il épousera, la maladie ou l'évolution de ses finances...) Une fois que vous êtes passé chez un des sorciers, on vous met sur la tête une coiffe de feuillage que les gens sont très fiers de porter. Alors je fais comme tout le monde. L'ambiance est formidable et l'heure tourne.

On chauffe la peau du gros tam-tam avec un petit feu et à neuf heures c'est le coup d'envoi. Autour de la mare, les retardataires essaient de trouver une place mais ils resteront en deuxième ligne. J'essaie de les suivre pour prendre des photos lorsqu'une personne me dit : « *Ne restez pas là ! Ils vont vous bousculer et vous finirez dans l'eau !* » Effectivement, j'ai bien fait de rester en arrière-plan car au son du tam-tam, c'est la ruée. Tout le monde se précipite et en dix minutes, on ne voit même plus le bassin mais une véritable marée humaine… Incroyable ! Les gens plongent leur nasse dans l'eau jusqu'à la vase puis par l'ouverture supérieure, plongent leur bras pour attraper les poissons (quand il y en a). De tous les côtés, les gens se dirigent vers le centre de la mare où les poissons effrayés par le tapage s'éloignent du rivage. Cette fourmilière va s'activer ainsi durant trois heures puis au son du tam-tam, tout s'arrête et les gens sortent tranquillement de la mare. Certains sont couverts de boue et cherchent à se laver. Tout ce monde se dirige maintenant vers le village chacun connaissant son point de rendez-vous : « *La pêche a été bonne ?!* » Pour certain oui, mais pour d'autres non ! mais ce n'est pas grave, on est là pour faire la fête ! La mare s'est vidée, la forêt sacrée est redevenue calme mais du côté de l'école, les danseurs défilent déjà dans les rues en musique et se dirigent vers l'école où les autorités prennent place. Un des responsables de l'organisation m'aperçoit et me dit : « *Allez-vous mettre là-bas en face, et s'il y a trop de monde, faufilez-vous au pied du gros arbre.* » Je m'installe donc comme prévu.

Les premiers danseurs arrivent, la foule aussi, mais j'arrive à me maintenir en première ligne pour observer. C'est étonnant cette ambiance explosive…ça danse…ça chante et ça saute au milieu des cris et des chants endiablés… toute cette effervescence est très impressionnante. Les différents groupes se suivent et chacun essaie d'impressionner le jury, en quête des récompenses qui seront attribuées aux meilleurs. Les tatouages sont souvent en noir et blanc avec des habits assortis, simples mais très agréables à regarder. Les plus époustouflants sont les grands sorciers avec leur masque et leur coiffe ornée d'une sorte de croix en bois peinte de noir et blanc. Il y a aussi ces hommes qui portent des anneaux de bois sur leurs épaules et qui les font tourner et sauter à grande vitesse, ce doit être les Doundoumba ! Il y a même des échassiers qui d'habitude gardent leurs troupeaux de moutons…Il y en a bien d'autres, mais c'est un défilé constant. En effet, ils passent au moins trois fois devant le jury. C'est un peu la cohue mais dans une ambiance très festive et agréable.

Lorsque la cérémonie se termine, la foule se met en mouvement et là, il ne faut pas trop traîner car sur la piste, les gens à pied vont vouloir monter sur la voiture comme sur les taxis-brousse. Aussi, je me dirige vers la sortie du village d'un bon pas, pour rejoindre la voiture et je pars. Deux ou trois gamins s'accrochent à la voiture mais avec deux petits coups de frein, ils finissent par lâcher. Ouf ! Je vais pouvoir revenir coucher à l'auberge de Kouroussa.

L'année suivante, je retourne à la fête des mares de Nounkounkan sur la route de Siguiri à soixante-dix kilomètres de Kouroussa, où j'apporte des cahiers, des crayons et des stylos-bille, à la demande d'un contact de Conakry. C'est beaucoup plus couleur locale (je suis le seul blanc), mais le scénario est identique : pêche, fêtes et danses avec des groupes moins bien organisés mais plus authentiques et une ambiance très festive, agréable et sympathique qui reste un souvenir inoubliable.

Un vol en ULM

Lors d'une soirée à Conakry, je rencontre le mécanicien de l'hélicoptère du Président qui me propose de faire un tour d'ULM :

- Je croyais que c'était interdit, l'ULM, en Guinée ?

- Oui, mais moi j'ai une autorisation du Président !

On se donne rendez-vous, un dimanche matin à son domicile. Nous prenons la direction de Dubréka, à la sortie de la presqu'île puis on quitte la route pour prendre une petite piste qui nous amène à un hangar qu'il a aménagé pour mettre son ULM. Devant, il a tracé une piste, juste avant la forêt. On sort l'ULM, on fait la « check-list », que je connais pour avoir pratiqué au Mali. Ensemble, nous préparons le plan de vol et il est très étonné que je connaisse l'ensemble de la falaise et de la région jusqu'à Kindia.

On décolle puis nous longeons la falaise vers l'ouest direction Koriba pour nous assurer que tout va bien. Agréable mais sans plus… Nous prenons de la hauteur et maintenant, nous volons à une vingtaine de mètres au-dessus de la falaise. C'est déjà plus impressionnant et très différent de ce que l'on voit d'en bas. Tiens, là-bas, une antilope qui se demande qu'est-ce que c'est que ce gros oiseau ! En nous voyant arriver, elle file se cacher dans les arbustes. Nous faisons demi-tour et direction plein est ! On survole le plateau vers Kindia mais ce qui nous intéresse, c'est la falaise. On a donc comme point de repère la chute du voile de la mariée (appelé ainsi car l'eau tombe sur un rocher et ensuite se disperse en un rideau de gouttelettes) au sud-est de Kindia, on survole les champs cultivés et le centre d'expérimentation en agriculture. Nous prenons légèrement à droite et arrivons pile sur la chute du voile de la mariée Cependant, vu d'en haut, cela ne donne pas grand-chose. C'est après un tour complet que l'on prend maintenant plein sud pour suivre la falaise à une vingtaine de mètres, coté vallée et légèrement en dessous de la partie rocheuse supérieure. Les couleurs sont superbes avec le soleil du matin. A gauche, en bas on voit bien la piste sur laquelle je viens régulièrement et je lui indique la prochaine chute d'eau que j'ai repéré et visité à pied. « *Waouh, je ne la connaissais pas !* » Une chute d'une centaine de mètres dont on fait le tour pour mieux l'admirer : magnifique mais pour y arriver en marchant, il faut emprunter le lit du cours d'eau et ce n'est pas facile (les locaux n'aiment pas ces endroits où l'eau fait un grand bruit en tombant et assimilent ce boucan à de la sorcellerie). La vue est superbe depuis l'ULM, la couleur ocre de la falaise tranche avec le vert de la végétation.

- Tiens, voilà le village de Tahire. Là-bas on va voir une belle chute !

- Tu la connais ?

- Oui, mais je n'y suis pas encore allé à pied car elle est éloignée de la piste.

La falaise majestueuse fait ensuite un grand arrondi au bout duquel on distingue une fracture : « Regarde, c'est la grande faille ! » Étonnant, on dirait que l'on a coupé la falaise et les rochers au couteau, tellement la cassure dessine une ligne droite. Il descend légèrement le long de la faille :

- Tu n'es jamais allé dedans ?

- Non, on a essayé, mais il n'y a pas d'accès et les gens d'ici ne veulent pas s'en approcher car soi-disant, il y a un monstre qui souffle dedans mais cela fait partie de nos projets avec Henri. Je suis sûr qu'il y a des choses très intéressantes, des insectes, des animaux et des minéraux à découvrir.

- Je vais noter les coordonnées GPS car je passe souvent en hélico et sur les cartes d'ici il n'y a rien de tout ça !

On continue, il y a une seconde faille plus petite et moins impressionnante. « *Là, tu vois à gauche ? C'est le carrefour de Mambia. La piste longe la falaise et le coin est très joli. Le plateau s'arrête et tourne vers la droite : devant c'est la mer.* » Effectivement, on observe une cassure due à la présence de la mer et l'érosion n'a laissé que certaines parties de la crête rocheuse qui plongeait dans l'eau. Superbes, ces morceaux de falaise coupés avec la végétation dessus. Ici, il ne reste qu'un piton rocheux dont il s'amuse à faire le tour et on en prend plein les yeux ! Le plateau fait presque un angle droit et se dirige vers l'ouest. Difficile d'accès, ce coin est sauvage et magnifique mais il n'y a aucune piste en vue.

On s'offre un deuxième passage durant lequel le pilote me confie : « *Je ne connaissais pas du tout ce coin car en hélico on coupe tout droit, j'y reviendrai en* ULM ». On découvre alors un grand pan de falaise coupé par une faille où coule une petite rivière puis de nouveau une arrête rocheuse qui montre une fracture dans le plateau. C'est magnifique et ça change tout de le voir depuis cet ULM. Je reconnais bien le site :

- A présent, on va arriver à la chute que personne ne connaît, sauf Henri, moi et les locaux. Regarde bien elle est superbe mais le cours d'eau est très encaissé, on l'a exploré avec Henri. Si tu peux, engage-toi entre ces deux gros morceaux de plateau car la chute est juste derrière.

- Elle n'est pas marquée sur les cartes ?!

- Non car elle est cachée par ce morceau de plateau. Regarde en bas de la chute la belle marmite de géant où l'eau brille ! Après il y a plusieurs petits ressauts et de nouveau une marmite. Le coin est fabuleux ! Avec Henri, on a envisagé d'y monter un camp de base pour les balades dans les environs mais il y avait tellement d'autres lieux à découvrir....

On reprend la direction de Dubréka et atterrissons sans problème. Le pilote me questionne sur les environs :

- Tu connais beaucoup d'autres endroits aussi beaux ?

- Ah oui ! Et c'est dommage que ce soit ma dernière année ici car on aurait pu découvrir ensemble la grande faille à l'ouest de Kindia, la vallée de Télimélé, et de Falessadé ou la falaise de Doucki et sûrement plein d'autres encore. Si tu veux, je peux te marquer tout cela sur une carte.

- Ce serai super mais encore faut-il que je trouve quelqu'un comme toi qui connaît un peu !

- Tu peux voir avec Henri !

Je le ramène chez lui et rentre à Moussoudougou.

Il y eu aussi plein d'autres découvertes et aventures avec Henri, les chasseurs et les pêcheurs que peut-être, de prochaines « Aventures Africaines » viendront raconter.